OS MELHORES TEXTOS DE RICHARD P. FEYNMAN

OS MELHORES TEXTOS DE RICHARD P. FEYNMAN

ORGANIZAÇÃO

Jeffrey Robbins

PREFÁCIO

Freeman Dyson

TRADUÇÃO

Maria Beatriz de Medina

2ª reimpressão - 2020

Publisher Edgard Blücher

Editor Eduardo Blücher

Produção editorial Bonie Santos, Camila Ribeiro, Isabel Silva

Diagramação Negrito Produção Editorial

Revisão de texto Bruna Gabriel Pedro

Capa Leandro Cunha

Produção gráfica Alessandra Ferreira

Comunicação Jonatas Eliakim

Blucher

Rua Pedroso Alvarenga, 1245, 4º andar
04531-934 - São Paulo - SP - Brasil
Tel.: 55 11 3078-5366
contato@blucher.com.br
www.blucher.com.br

Segundo o Novo Acordo Ortográfico, conforme 5. ed. do *Vocabulário Ortográfico da Língua Portuguesa*, Academia Brasileira de Letras, março de 2009.

Dados Internacionais de Catalogação na Publicação (CIP)
Angélica Ilacqua CRB-8/7057

Os melhores textos de Richard P. Feynman / organizado por Jeffrey Robbins; prefácio de Freeman Dyson; tradução de Maria Beatriz de Medina. – São Paulo: Blucher, 2015.

ISBN 978-85-212-0939-3

Título original: The pleasure of finding things out: the best short works of Richard P. Feynman

1. Ciência. 2. Físicos – Estados Unidos – Entrevistas. I. Feynman, Richard P. (Richard Phillips), 1918-1988. II. Dyson, Freeman. III. Medina, Maria Beatriz de.

15-0736 CDD 500

Índices para catálogo sistemático:

1. Ciência

Sumário

Essa quase idolatria

"Amei o homem, essa quase idolatria, como todo mundo", escreveu o dramaturgo elisabetano Ben Jonson. "O homem" era William Shakespeare, seu amigo e mentor. Jonson e Shakespeare eram ambos dramaturgos de sucesso: Jonson, um acadêmico culto; Shakespeare, um gênio desleixado. Não havia inveja entre eles. Shakespeare era nove anos mais velho e já enchia de obras-primas os palcos de Londres antes que Jonson começasse a escrever. Como disse Jonson, Shakespeare era "franco e de natureza aberta e livre", e, além de estímulo, deu ao jovem amigo ajuda concreta. O auxílio mais importante de Shakespeare foi atuar num dos papéis principais da primeira peça do colega, *Every man in his humour* ou "Cada um com seu humor", apresentada em 1598. A peça foi um sucesso retumbante e deu início à carreira profissional de Jonson. Na época, este tinha 25 anos; Shakespeare, 34. Depois de 1598, Jonson continuou a escrever peças e poemas, e muitas obras suas foram encenadas pela companhia de Shakespeare. Como poeta e estudioso, Jonson conquistou a fama por mérito próprio, e no fim da vida foi homenageado com o sepultamento na Abadia de Westminster. Mas ele nunca esqueceu a dívida para com o velho amigo. Quando Shakespeare morreu, Jonson escreveu um poema "À memória de meu amado mestre William Shakespeare", que continha esses conhecidos versos:

> "He was not of an age, but for all time."
>
> "And though thou hadst small Latin and less Greek,
> From thence to honor thee, I would not seek
> For names, but call forth thundering Aeschylus,
> Euripides and Sophocles, [...]
> To live again, to hear thy buskin tread."
>
> "Nature herself was proud of his designs,
> And joyed to wear the dressing of his lines, [...]
> Yet I must not give Nature all: Thy art,
> My gentle Shakespeare, must enjoy a part.
> For though the poet's matter nature be,
> His art does give the fashion; and, that he
> Who casts to write a living line, must sweat, [...]
> For a good poet's made, as well as born."[1]

---

1 "Ele não era de uma época, mas de todos os tempos." // "E embora tivestes pouco latim e menos grego, / Para com eles te honrar, eu não buscaria / Nomes, mas clamaria pelo trovejante Ésquilo, / Eurípedes e Sófocles, [...] / Para viverem outra vez e ouvirem teu passo de coturno." // "A própria Natureza se orgulhava de seus desígnios, / E se alegrava ao usar a vestimenta de seus versos, [...] / Mas não devo dar tudo à Natureza: Tua arte, / Meu gentil Shakespeare, precisa ter seu papel. / Pois embora a natureza seja a matéria-prima do poeta, / Sua arte lhe dá forma; e aquele / que se dispõe a escrever um verso vivo tem de suar, [...] / Pois o bom poeta se faz além de nascer." [N. T.]

O que Jonson e Shakespeare têm a ver com Richard Feynman? É simples: posso dizer, como Jonson: "Amei esse homem, essa quase idolatria, como todo mundo." O destino me deu a tremenda sorte de ter Feynman como mentor. Fui o aluno culto e acadêmico que em 1947 deixou a Inglaterra rumo à Cornell University, e me senti imediatamente arrebatado pelo gênio desleixado de Feynman. Com a arrogância da juventude, decidi que seria o Jonson do Shakespeare de Feynman. Não esperava encontrar Shakespeare em solo americano, mas não foi difícil reconhecê-lo quando o vi.

Antes de conhecer Feynman, eu publicara alguns artigos matemáticos cheios de truques espertos, mas totalmente desprovidos de importância. Quando conheci Feynman, soube na mesma hora que entrara em outro mundo. Ele não estava interessado em publicar artigos bonitos. Ele se esforçava, com mais intensidade do que todos que conheci, para entender o funcionamento da natureza, reconstruindo a física de baixo para cima. Tive a sorte de conhecê-lo perto do fim de sua luta de oito anos. A nova física que imaginara sete anos antes quando aluno de John Wheeler finalmente se aglutinava numa visão coerente da natureza, a visão que ele chamava de "abordagem do espaço-tempo". Em 1947, a visão ainda estava inacabada, cheia de pontas soltas e incoerências, mas vi na mesma hora que tinha de estar correta. Aproveitei todas as oportunidades para escutar Feynman falar, para aprender a nadar no dilúvio de suas ideias. Ele adorava falar, e me aceitou como ouvinte. E ficamos amigos pelo resto da vida.

Durante um ano, observei Feynman aperfeiçoar seu modo de descrever a natureza com imagens e diagramas até ele arrematar as pontas soltas e remover as incoerências. Então, ele começou a calcular os números, usando seus diagramas como guia. Com velocidade espantosa, era capaz de calcular quantidades físicas que poderiam ser diretamente comparadas com experimentos. Os experimentos concordaram com os números. No verão de 1948, pudemos ver as palavras de Jonson se tornarem realidade: "A própria Natureza se orgulhava de seus desígnios e se alegrava em usar a vestimenta de seus versos."

No mesmo ano em que andava e falava com Feynman, eu também estudava a obra dos físicos Schwinger e Tomonaga, que seguiam caminhos mais convencionais e chegavam a resultados semelhantes. Schwinger e Tomonaga obtiveram sucesso de forma independente, usando métodos mais complicados e laboriosos para calcular as mesmas quantidades que Feynman conseguia derivar diretamente de seus diagramas. Schwinger e Tomonaga não reconstruíram a física. Eles pegaram a física como a encontraram e só introduziram novos métodos matemáticos para lhe extrair os números. Quando ficou claro que o resultado de seus cálculos concordava com o de Feynman, eu soube que recebera a oportunidade inigualável de unir as três teorias. Escrevi um artigo com o título "*The radiation theories of Tomonaga, Schwinger and Feynman*" – "As teorias da radiação de Tomonaga, Schwinger e Feynman" – para explicar por que as teorias pareciam diferentes mas eram fundamentalmente a mesma. Meu artigo foi publicado em 1949 na *Physical Review* e deu início à minha carreira profissional de forma tão decisiva quanto "Cada um com seu humor" iniciou a carreira de Jonson. Na época, como Jonson, eu tinha 25 anos. Feynman tinha 31, três anos a menos que Shakespeare em 1598. Tomei o cuidado de tratar meus três protagonistas com igual respeito e dignidade, mas eu sabia, no fundo do coração, que Feynman era o maior dos três e que o principal propósito do meu artigo era tornar suas ideias revolucionárias acessíveis a físicos do mundo inteiro. Feynman me estimulou ativamente a publicar suas ideias e nunca se queixou de que eu estaria roubando seu trovão. Ele era o ator principal da minha peça.

Uma das posses mais valiosas que eu trouxe da Inglaterra para os Estados Unidos foi *The Essential Shakespeare*, de J. Dover Wilson, uma curta biografia de Shakespeare que contém a maioria das citações de Jonson que reproduzi aqui. O livro de Wilson não é uma obra de ficção nem de história; é algo intermediário. Baseia-se no depoimento em primeira mão de Jonson e outros, mas o autor usou a imaginação ao lado dos documentos históricos escassos para dar vida a Shakespeare. Especificamente, o indício mais antigo de que Shakespeare atuou na peça de Jonson vem de um documento datado de 1709, mais de cem anos depois do fato. Sabemos que Shakespeare era famoso como ator e escritor, e não vejo razão para duvidar da história tradicional contada por Wilson.

Por sorte, os documentos que comprovam a vida e os pensamentos de Feynman não são tão escassos. Este livro é uma coletânea desses documentos, que nos traz a voz autêntica de Feynman registrada em suas palestras e textos ocasionais. Esses documentos são informais, dirigidos ao público em geral e não aos seus colegas cientistas. Neles, vemos Feynman como era, sempre brincando com ideias mas sempre sério com o que, para ele, era importante. Essas coisas importantes eram franqueza, independência, disposição de admitir a ignorância. Ele detestava a hierarquia e gozava da amizade de pessoas de todas as origens. Como Shakespeare, ele era um ator com talento para a comédia.

Além da paixão transcendente pela ciência, Feynman também tinha um apetite robusto por piadas e prazeres humanos comuns. Uma semana depois que o conheci, escrevi uma carta aos meus pais na Inglaterra e o descrevi como "meio gênio e meio bufão". Em meio à luta heroica para entender as leis da natureza, ele adorava relaxar com amigos, tocar bongô, divertir todo mundo com truques e casos. Nisso também se parecia com Shakespeare. Do livro de Wilson, tiro o depoimento de Jonson:

"Quando se dispunha a escrever, ele unia a noite ao dia; forçava-se sem descanso, sem se importar até que desmaiasse; e quando saía, transportava-se para todos os esportes e descomedimento outra vez; e era quase um desespero atraí-lo para seu livro; mas assim que chegava a ele, ficava mais forte e mais sério sem esforço."

Esse era Shakespeare, e esse também era o Feynman que conheci e amei, essa quase idolatria.

FREEMAN I. DYSON

Institute for Advanced Study

Princeton, Nova Jersey

Introdução à edição americana

Recentemente, compareci a uma palestra no venerável Jefferson Lab da Universidade de Harvard. A palestrante era a Dra. Lene Hau, do Instituto Rowland, que acabara de realizar um experimento noticiado não só pela importante revista científica *Nature*, mas também pela primeira página do *New York Times*. Na experiência, ela (com seu grupo de pesquisa de alunos e cientistas) passou um raio *laser* por um novo tipo de matéria chamado condensado de Bose-Einstein (um estranho estado quântico no qual um monte de átomos, esfriados até quase o zero absoluto, praticamente param de se mover e, juntos, agem como uma única partícula), que desacelerou aquele facho de luz até a velocidade inacreditavelmente tranquila de 61 km/h. Agora, a luz, que no vácuo viaja normalmente a velocíssimos 300.000 quilômetros por *segundo* ou 1.080.000.000 de quilômetros por hora, costuma desacelerar sempre que atravessa algum meio, como o ar ou o vidro, mas apenas numa fração de percentual da velocidade no vácuo. Mas faça as contas e verá que 61 km/h divididos por 1.080.000.000 km/h dá 0,00000006, ou *seis milionésimos de 1%* da velocidade no vácuo. Para entender esse resultado, seria como se Galileu jogasse suas balas de canhão da Torre de Pisa e elas levassem dois anos para chegar ao chão.

Fiquei estonteado com a palestra (acho que até Einstein se impressionaria). Pela primeira vez na vida, senti um tiquinho do que Richard Feynman chamava de "o barato da descoberta", a sensação súbita (provavelmente parecida com uma epifania, embora, nesse caso, indireta) de que eu compreendera uma nova ideia maravilhosa, que havia algo novo no mundo; que eu estava presente num evento científico grandioso; uma sensação tão dramática e empolgante quanto a de Newton quando percebeu que a força misteriosa que fizera aquela maçã apócrifa lhe cair na cabeça era a mesma que fazia a Lua orbitar a Terra; ou quanto a de Feynman quando deu aquele primeiro passo laborioso rumo ao entendimento da natureza da interação entre luz e matéria que acabou levando ao Prêmio Nobel.

Sentado na plateia, quase consegui sentir Feynman olhando por sobre o meu ombro e cochichando no meu ouvido: "Está vendo? É por isso que os cientistas persistem na investigação, que lutamos com tanto desespero atrás de cada fiapo de conhecimento, viramos noites em busca da resposta de um problema, escalamos os obstáculos mais íngremes até o próximo fragmento de compreensão, até chegar finalmente àquele momento jubiloso do barato da descoberta, que faz parte do prazer de descobrir as coisas."[1] Feynman sempre disse que não estudava física pela glória nem por prêmios e comendas, mas pela *diversão*, pelo puro prazer de descobrir como o mundo funciona, o que o faz andar.

---

1 Outro evento dos mais empolgantes, se não da vida, pelo menos de minha carreira de editor, foi encontrar a transcrição há muito desaparecida e nunca publicada de três palestras dadas por Feynman na Universidade de Washington, no começo da década de 1960, que se transformaram no livro *The Meaning of It All*; mas esse foi mais o prazer de achar as coisas do que o prazer de *descobri-las*.

O legado de Feynman é a sua imersão na ciência, a sua dedicação a ela – à sua lógica, aos seus métodos, à sua rejeição de dogmas, à capacidade infinita de duvidar. Feynman acreditava – e pautava sua vida por essa crença – que a ciência, quando usada com responsabilidade, além de divertida, pode ter valor inestimável para o futuro da sociedade humana. E, como todos os grandes cientistas, Feynman adorava dividir, com colegas e com leigos, seu deslumbre com as leis da natureza. Em lugar nenhum a paixão de Feynman pelo conhecimento surge com mais clareza do que nesta coletânea de obras curtas (a maioria já publicada, uma delas inédita).

A melhor maneira de apreciar a mística de Feynman é ler este livro, pois aqui o leitor encontrará uma grande variedade de tópicos sobre os quais Feynman pensou profundamente e discursava com encanto: além da física, que ensinava como ninguém, religião, filosofia e horror ao palco acadêmico; o futuro da computação e da nanotecnologia, da qual foi pioneiro; humildade, diversão com a ciência e o futuro da ciência e da civilização; como cientistas em formação deveriam ver o mundo; e a trágica cegueira burocrática que provocou o desastre do ônibus espacial *Challenger*, o relatório que chegou às manchetes e tornou conhecido o nome "Feynman" nos lares americanos.

É notável que haja pouquíssima superposição nesses textos, mas nos poucos pontos onde uma história se repete tomei a liberdade de excluir uma das ocorrências para poupar ao leitor repetições desnecessárias. Inseri reticências [...] para indicar onde uma "pérola" repetida foi excluída.

Feynman tinha uma atitude muito despreocupada com a gramática correta, como se vê claramente na maioria dos textos, transcritos de palestras faladas ou entrevistas. Portanto, para manter o sabor Feynman, em geral mantive essas frases incorretas. No entanto, onde transcrições malfeitas ou esporádicas deixaram palavras ou expressões incompreensíveis ou esquisitas, corrigi para melhorar a legibilidade. Acredito que o resultado é um feynmanês praticamente intacto, mas legível.

Aclamado ainda em vida, reverenciado pela memória, Feynman continua a ser uma fonte de sabedoria para pessoas de todas as origens. Espero que este tesouro, com suas melhores palestras, entrevistas e artigos, estimule e divirta gerações de fãs dedicados e de recém-chegados à mente inigualável e muitas vezes exuberante de Feynman.

Portanto, leia, aproveite e não tenha medo de gargalhar de vez em quando ou aprender algumas lições sobre a vida; inspire-se; acima de tudo, vivencie o prazer de descobrir coisas sobre um ser humano incomum.

Gostaria de agradecer a Michelle e Carl Feynman pela generosidade e pelo apoio constante em ambos os lados do país; à Dra. Judith Goodstein, a Bonnie Ludt e a Shelley Erwin, do arquivo do CalTech, pela ajuda e hospitalidade indispensáveis; e principalmente ao professor Freeman Dyson pelo prefácio elegante e esclarecedor.

Também gostaria de exprimir minha gratidão a John Gribbin, Tony Hey, Melanie Jackson e Ralph Leighton pelos frequentes e excelentes conselhos durante a feitura deste livro.

JEFFREY ROBBINS

Reading, Massachusetts

setembro de 1999

1. O prazer de descobrir as coisas

Essa é a transcrição revista de uma entrevista com Feynman feita em 1981 para o programa Horizon *do canal de televisão da BBC, exibido nos Estados Unidos como um dos episódios do programa* Nova *de divulgação científica. Nessa época, Feynman estava quase no fim da vida (ele morreu em 1988) e podia refletir sobre suas experiências e realizações sob um ponto de vista nem sempre possível para uma pessoa mais jovem. O resultado é uma discussão franca, tranquila e muito pessoal sobre muitos tópicos que falavam ao coração de Feynman: porque saber apenas o nome de uma coisa é o mesmo que não saber absolutamente nada a seu respeito; como ele e seus colegas cientistas atômicos do Projeto Manhattan conseguiram beber e comemorar o sucesso da arma terrível que tinham criado enquanto do outro lado do mundo, em Hiroshima, milhares de seres humanos como eles morriam ou estavam à beira da morte; e por que Feynman poderia igualmente ter passado sem um Prêmio Nobel.*

A beleza de uma flor

Tenho um amigo artista plástico, e às vezes ele tem uma opinião com a qual não concordo muito. Ele segura uma flor e diz: "Veja como é bonita", e acho que concordo. Aí ele diz: "Sabe, como artista consigo ver como ela é bonita, mas, como cientista, ah, você desmonta tudo e ela vira uma coisa sem graça." E acho que ele é meio maluco. Em primeiro lugar, a beleza que ele vê está à disposição dos outros e de mim também, acho, embora eu talvez não seja tão esteticamente refinado quanto ele; mas consigo apreciar a beleza de uma flor. Ao mesmo tempo, vejo na flor muito mais do que ele. Consigo imaginar as células dela, as ações complicadas lá dentro que também têm a sua beleza. Quer dizer, não é só beleza nessa dimensão de um centímetro, também há beleza numa dimensão menor, a estrutura interna. Também os processos, o fato de que as cores da flor evoluíram para atrair insetos para a polinização é interessante: significa que os insetos conseguem ver cores. E surge uma pergunta: esse senso estético também existe nas formas de vida inferiores? Por que é estético? Todo tipo de pergunta interessante, que mostra que o conhecimento da ciência só aumenta a empolgação, o mistério, o assombro de uma flor. Só aumenta; não entendo como é que diminui.

Evitar humanidades

Sempre fui muito unilateral com a ciência, e quando era novo concentrava nela quase todo o meu esforço. Não tinha tempo para aprender e não tinha muita paciência com o que chamavam de "humanidades", embora na universidade houvesse cadeiras de humanidades que a gente tinha de fazer. Tentei evitar ao máximo aprender alguma coisa e trabalhar com aquilo. Só depois, quando fiquei mais velho, quando fiquei mais tranquilo, é que me abri um pouquinho. Aprendi a desenhar e li um pouco, mas ainda sou realmente uma pessoa muito unilateral e não sei muito. Tenho uma inteligência limitada, que uso numa direção específica.

Tiranossauros na janela

A gente tinha a *Encyclopædia Britannica* em casa, e mesmo quando eu era menino [meu pai] costumava me pôr no colo e ler a *Encyclopædia Britannica* pra mim, e a gente lia, digamos, sobre dinossauros, e talvez falasse de brontossauros ou coisa assim, ou do tiranossauro rex, e era mais ou menos assim: "Essa coisa tem sete metros e meio de altura e a cabeça tem um metro e oitenta de diâmetro", sabe, e ele parava tudo e dizia: "Vamos ver o que é isso. Isso quer dizer que, se ele parasse ali no quintal, teria altura suficiente para enfiar a cabeça pela janela, mas não muito, porque a cabeça é meio larga demais e quebraria a janela quando passasse."

Tudo o que a gente lia era traduzido da melhor maneira possível por alguma realidade, e assim aprendi a fazer isso: tudo o que leio tento imaginar o que quer dizer, o que quer dizer de verdade, traduzindo e tal (RISOS). Eu costumava ler a *Encyclopædia* quando menino, mas com tradução, sabe, e era muito empolgante e interessante pensar que havia animais dessa magnitude. Eu não ficava com medo de que algum fosse aparecer na janela em consequência disso, acho que não, mas eu achava muito, muito interessante todos eles terem morrido, e naquela época ninguém sabia por quê.

A gente costumava ir aos Montes Catskill. A gente morava em Nova York, e os Montes Catskill eram o lugar aonde todo mundo ia no verão; e os pais... havia um grupo grande de gente lá, mas os pais voltavam a Nova York para trabalhar durante a semana e só vinham nos fins de semana. Quando meu pai vinha, ele me levava para passear na floresta e me contava várias coisas interessantes que aconteciam lá, que vou explicar daqui a pouco, mas as outras mães viam aquilo e é claro que achariam maravilhoso se os outros pais levassem os filhos para passear, e elas bem que tentaram, mas no começo não deu certo; aí elas quiseram que meu pai levasse todas as crianças, mas ele não queria porque tinha uma relação especial comigo – tínhamos uma coisa especial só nossa. Então acabou que os outros pais tiveram de levar os filhos para passear no fim de semana seguinte, e na segunda-feira, depois que todos os pais voltaram para trabalhar, a criançada foi brincar no campo e um garoto me perguntou:

– Está vendo aquele passarinho? Que passarinho é?

E respondi:

– Não faço a mínima ideia de que passarinho é.

– É um tordo-de-papo-marrom – disse ele, ou coisa parecida. – Seu pai não lhe contou nada.

Mas era o contrário. Meu pai *tinha* me ensinado. Ele olhava o passarinho e dizia:

– Sabe que passarinho é aquele? É um tordo-de-papo-marrom, mas em inglês é um... em italiano é um..., em chinês é um..., em japonês é um... etc. Agora, você sabe em todas as línguas como é o nome daquele passarinho, e quando tudo isso acabar você não vai saber absolutamente nada sobre o passarinho. Só vai saber sobre seres humanos de lugares diferentes e como eles chamam o passarinho. Agora vamos olhar o passarinho.

Ele me ensinou a notar coisas. Um dia eu estava brincando com um carrinho que tinha uma gradinha em volta, era um tipo de carrinho que criança brinca puxando-o por aí. Tinha uma bola dentro, eu me lembro disso, tinha uma bola dentro, e eu puxava o carrinho e notei uma coisa no movimento da bola. Aí fui até o meu pai e disse:

– Sabe, pai, notei uma coisa: quando eu puxo o carrinho, a bola rola para o fundo do carrinho, e quando vou puxando e paro de repente, a bola rola para a frente do carrinho. Por que isso acontece?

E ele respondeu:

– Isso ninguém sabe. O princípio geral é que as coisas que estão em movimento tentam continuar em movimento e as coisas que estão paradas querem ficar paradas até a gente empurrar com força. Essa tendência se chama inércia – foi o que ele disse, – mas ninguém sabe por que é assim.

Agora, essa é uma compreensão profunda. Ele não me disse um nome, ele sabia a diferença entre saber o nome da coisa e saber alguma coisa, o que aprendi bem cedo. E ele continuou falando.

– Se prestar atenção, você vai ver que a bola não corre para o fundo do carrinho, é o fundo do carrinho que você está puxando contra a bola; que a bola fica parada, ou, na verdade, com a fricção começa a andar mesmo para a frente e não volta pra trás.

Então corri de volta pro carrinho e pus a bola dentro outra vez e puxei o carrinho por baixo; olhei de lado e vi que ele tinha mesmo razão: a bola nunca se movia pra trás no carrinho quando eu puxava o carrinho pra frente. Ela andava pra trás em relação ao carrinho, mas em relação à calçada ela andava pra frente um pouquinho, só [que] o carrinho a alcançava primeiro. E foi assim que meu pai me criou, com esse tipo de exemplo e discussão, sem pressão, só discussões interessantes e deliciosas.

Álgebra para o homem prático

Naquela época, meu primo, que era três anos mais velho do que eu, estava no curso secundário e tinha muita dificuldade com álgebra, e mandaram vir um professor particular. E deixaram que eu ficasse sentadinho no canto (RISOS) enquanto o professor tentava ensinar álgebra ao meu primo, problemas como $2x$ mais alguma coisa. Então perguntei ao meu primo:

– O que você está querendo fazer?

Sabe, eu escutei ele falando sobre x. E ele respondeu:

– Ora, você *não sabe* nada: $2x + 7$ é igual a 15, e a gente tem de descobrir o que é x.

Aí eu disse:

– Quer dizer, 4.

E ele disse:

– É, mas você fez com aritmética, e a gente tem de fazer com álgebra.

E foi por isso que o meu primo nunca conseguiu usar álgebra, porque ele não entendia como tinha de fazer. Não tem jeito. Felizmente aprendi álgebra não indo para a escola e sabendo que a ideia toda era descobrir o valor de x e que não fazia diferença nenhuma o jeito de fazer. Não existe isso, sabe, de fazer com aritmética, fazer com álgebra. Isso é uma coisa falsa que inventaram na escola para que todas as crianças que têm de estudar álgebra passem por isso. Eles inventaram um monte de regras que se a gente seguir sem pensar encontra a resposta: subtraia 7 dos dois lados, se houver um multiplicador divida os dois lados por ele e assim por diante, e uma série de passos para encontrar a resposta se a gente não entendeu o que tem de fazer.

Havia uma série de livros de matemática que começava com *Aritmética para o homem prático*, depois *Álgebra para o homem prático*, depois *Trigonometria para o homem prático*, e foi com eles que aprendi trigonometria para o homem prático. Logo esqueci tudo de novo, porque não entendi direito, mas a série continuava saindo, e a biblioteca ia receber *Cálculo para o homem prático*, e eu sabia nessa época, porque tinha lido na *Encyclopædia*, que cálculo era um assunto importante e que era interessante e que eu tinha de aprender. Nisso eu era mais velho, tinha uns 13 anos, talvez. Aí o livro de cálculo finalmente chegou, e fiquei todo empolgado, e fui à biblioteca para pegá-lo e ela olha pra mim e diz: "Ah, você é só um menino, pra que você quer esse livro, esse livro é [para adultos]." E foi uma das poucas vezes na vida em que fiquei me sentindo sem graça e menti e disse que era para o meu pai, que ele é que tinha escolhido. Então levei o livro pra casa e aprendi cálculo com ele e tentei explicar para o meu pai, que começou a ler o início e achou confuso, e fiquei mesmo um tiquinho chateado. Eu não sabia que ele era tão limitado, sabe, que ele não entendia, e achei que era relativamente simples e claro, e ele não entendeu. E foi a primeira vez que eu soube que tinha aprendido mais do que ele, em certo sentido.

As dragonas e o Papa

Uma das coisas que meu pai me ensinou além de física (RISOS), correto ou não, foi o desrespeito pelo respeitável [...], por certo tipo de coisa. Por exemplo, quando eu era pequeno e começaram a sair rotogravuras – isto é, fotos impressas no jornal – no *New York Times*, ele me pegava no colo e abria uma figura, e havia uma foto do Papa com todo mundo curvado na frente dele. E ele dizia:

– Agora, olhe esses seres humanos. Aqui está um ser humano em pé, e todos esses fazem reverência. E qual é a diferença? Esse aqui é o Papa – ele detestava mesmo o Papa, e dizia: "a diferença são as dragonas", claro que não no caso do Papa, mas se fosse um general, sempre era a farda, o posto –, e esse homem tem os mesmos problemas humanos, ele janta como todo mundo, vai ao banheiro, tem o mesmo tipo de problema que todo mundo, é um ser humano. Por que todo mundo faz reverência pra ele? Só por causa do nome e do posto, por causa da farda, não por causa de alguma coisa especial que ele fez, nem da honra, nem nada disso.

Aliás, ele vendia fardas e sabia a diferença entre o homem de farda e o homem sem farda; pra ele, era o mesmo homem.

Acho que ele ficou contente por mim. Mas uma vez, quando voltei do MIT depois de ficar uns anos lá, ele me pediu:

– Agora que você aprendeu todas essas coisas, tem uma pergunta que sempre fiz mas nunca entendi direito e queria pedir, agora que você estudou, que me explique.

Perguntei a ele o que era, e ele disse que entendia que, quando um átomo fazia uma transição de um estado a outro, emitia uma partícula de luz chamada fóton. Eu disse:

– Isso mesmo.

E ele perguntou:

– Pois é, agora o fóton está no átomo antes da hora de sair ou não tem fóton nenhum antes?

Aí eu disse:

– Não tem fóton nenhum, só quando o elétron faz a transição é que ele vem.

E ele perguntou:

– Ué, então de onde ele vem, como é que ele sai?

E eu não podia dizer só que "a opinião é que o número de fótons não é conservado, eles são criados pelo movimento do elétron". Não podia lhe explicar de um jeito assim: o som que estou fazendo agora não estava em mim. Não é como meu garotinho que, quando começou a falar, disse de repente que não podia mais dizer uma certa palavra – a palavra era "gato" – porque seu saco de palavras tinha ficado sem a palavra *gato* (RISOS). Então, não existe um saco de palavras dentro da gente pra gente usar as palavras que saem. A gente simplesmente faz as palavras conforme vão aparecendo, e nesse sentido não havia nenhum saco de fótons dentro do átomo, e quando os fótons saem eles não vêm de lugar nenhum, mas eu não saberia explicar melhor. Ele não ficou satisfeito comigo porque nunca consegui explicar nenhuma das coisas que ele não entendia (RISOS). Quer dizer, ele foi malsucedido, ele me mandou para todas aquelas universidades para descobrir essas coisas, mas ele nunca descobriu (RISOS).

Convite para a bomba

[*Enquanto elaborava sua tese de PhD, Feynman foi convidado a participar do projeto que desenvolveu a bomba atômica.*] Foi um tipo de coisa totalmente diferente. Eu teria de interromper a pesquisa que estava fazendo, o maior desejo de minha vida, para empregar o tempo naquilo que eu sentia que deveria fazer para proteger a civilização. Tudo bem? Então era isso que eu tinha de debater comigo mesmo. Minha primeira reação foi, ora, eu não queria interromper meu trabalho normal pra fazer esse serviço extra. É claro que também havia o problema de toda essa coisa moral que envolve a guerra. Eu não tinha muito a ver com aquilo, mas meio que me apavorei quando percebi o que seria a arma e que, como podia ser possível, teria de ser possível. Eu não sabia de nada que indicasse que, se a gente conseguisse, eles não conseguiriam, portanto era importantíssimo tentar cooperar.

[*No início de 1943, Feynman entrou para a equipe de Oppenheimer em Los Alamos.*] Com relação às questões morais, tem uma coisa que gostaria de dizer. A razão original para começar o projeto, que era que os alemães eram um perigo, me pôs num processo de ação que era tentar desenvolver esse primeiro sistema em Princeton e depois em Los Alamos para fazer a bomba funcionar. Houve um monte de tentativas de refazer o projeto para a bomba ficar pior e coisa assim. Foi um projeto em que todos nós trabalhamos muito, muito mesmo, todos cooperando. E em projetos assim a gente continua a trabalhar atrás do sucesso, depois que decidiu fazer. Mas o que eu fiz, imoralmente, devo dizer, foi não me lembrar da razão para fazer aquilo, e quando a razão mudou, porque a Alemanha foi derrotada, não me passou a mínima ideia pela cabeça sobre isso, que agora eu teria de reconsiderar por que continuava a fazer aquilo. Simplesmente não pensei, tudo bem?

Sucesso e sofrimento

[*Em 6 de agosto de 1945, a bomba atômica explodiu em Hiroshima.*] A única reação de que me lembro – talvez tenha ficado cego com minha própria reação – foi uma euforia e uma empolgação muito consideráveis, e houve festas e gente bêbada e fazia um contraste interessantíssimo o que acontecia em Los Alamos com o que acontecia em Hiroshima ao mesmo tempo. Eu estava envolvido nessa coisa alegre e também bebendo, bêbado, e tocando tambor sentado no capô de um jipe, e tocando tambor com todo mundo em Los Alamos, empolgado, ao mesmo tempo em que tinha gente morrendo e lutando em Hiroshima.

Tive uma reação fortíssima depois da guerra, de um tipo peculiar. Talvez fosse só pela própria bomba, talvez por alguma outra razão psicológica. Eu tinha acabado de perder minha mulher ou coisa assim, mas me lembro de estar em Nova York com a minha mãe num restaurante, logo depois [de Hiroshima], e ficar pensando sobre Nova York. Eu sabia o tamanho da bomba de Hiroshima, o tamanho da área atingida e tal, e percebi que, de onde a gente estava – não sei, Rua 59 – que se largasse uma delas na rua 34, ela se espalharia por tudo ali, e toda aquela gente morreria, e todas as coisas morreriam, e que não havia apenas uma bomba disponível, mas que era fácil continuar fazendo bombas, e portanto tudo estava meio que condenado, porque já me parecia, bem cedo, mais cedo que pros outros que eram mais otimistas, que as relações internacionais e o jeito como todo mundo estava se comportando não era nada diferente de antes, e que não ia continuar do mesmo jeito, e aí tive certeza de que logo, logo ela seria usada. E me senti muito desconfortável e pensei, acreditei mesmo, que era muito bobo: eu via gente construindo uma ponte e dizia: "eles não entendem". Eu acreditava mesmo que não fazia sentido nenhum fazer nada, porque de qualquer jeito tudo logo seria destruído, mas ninguém entendia isso, e eu tinha essa ideia estranhíssima em cada construção que via: eu sempre achava que eram uns idiotas de tentar fazer alguma coisa. E fiquei mesmo num tipo de estado depressivo.

"Não tenho de ser bom porque eles acham que vou ser bom"

[*Depois da guerra, Feynman foi trabalhar com Hans Bethe*[1] *na Cornell University. Ele recusou a oferta de trabalhar no Instituto de Estudos Avançados de Princeton.*] Eles [devem ter] achado que eu era maravilhoso para me oferecer um emprego daqueles, e eu não era maravilhoso. Aí percebi um novo princípio, que era o de não ser responsável pelo que os outros acham que sou capaz de fazer; não tenho de ser bom porque eles acham que vou ser bom. E, de um jeito ou de outro, consegui relaxar e pensei: não fiz nada importante e nunca vou fazer nada importante. Mas eu gostava de física e de coisas matemáticas, e como costumava brincar com elas foi bem depressa que elaborei as coisas pelas quais ganhei depois o Prêmio Nobel.[2]

O Prêmio Nobel: valeu a pena?

[*Feynman ganhou o Prêmio Nobel pelo seu trabalho com eletrodinâmica quântica.*] Em essência, o que fiz, e que também era feito separadamente por mais duas pessoas, [Sin-Itiro] Tomonaga, no Japão, e [Julian] Schwinger, foi imaginar um jeito de controlar, analisar e discutir a teoria quântica original da eletricidade e do magnetismo que fora escrita em 1928; como interpretar a teoria

1 (1906-2005) Ganhador do Prêmio Nobel de Física de 1967 pelas contribuições à teoria das reações nucleares, principalmente pelas descobertas relativas à produção de energia nas estrelas.

2 Em 1965, o Prêmio Nobel de Física foi dividido entre Richard Feynman, Julian Schwinger e Sin-Itiro Tomonaga pelo seu trabalho fundamental em eletrodinâmica quântica e suas profundas consequências para a física das partículas elementares.

para evitar os infinitos, fazer cálculos que dessem resultados sensatos, que depois combinaram exatamente com todas as experiências que já foram feitas até agora, e a eletrodinâmica quântica concorda com os experimentos em todos os detalhes aplicáveis – sem envolver as forças nucleares, por exemplo. E foi pelo trabalho que fiz em 1947 para imaginar como conseguir isso que ganhei o Prêmio Nobel.

[BBC: *Valeu a pena o Prêmio Nobel?*] Como um (RISOS)... Não sei nada sobre o Prêmio Nobel, não entendo do que se trata nem o que vale o quê, mas se o pessoal da Academia Sueca decide que *x*, *y* ou *z* vai ganhar o Prêmio Nobel, então que seja. Não tenho nada a ver com o Prêmio Nobel... é um pé no... (RISOS). Não gosto de homenagens. Dou valor pelo trabalho que eu fiz e pelas pessoas que dão valor, e sei que muitos físicos usam meu trabalho. Não preciso de mais nada, acho que mais nada faz sentido. Não entendo porque é importante alguém da Academia Sueca decidir que esse trabalho é nobre a ponto de receber um prêmio. Já recebi o prêmio. O prêmio é o prazer de descobrir a coisa, o barato da descoberta, a observação de que outras pessoas usam [meu trabalho]: isso é que é real, as homenagens para mim são irreais. Não acredito em homenagens, elas me incomodam, homenagens incomodam, homenagens são dragonas, homenagens são fardas. Papai me criou assim. Não aguento, isso me machuca.

Quando eu estava no ensino médio, uma das primeiras homenagens que recebi foi pertencer à Arista, que é um grupo de garotos que tiram boas notas... hem? Todo mundo queria ser membro da Arista, e quando entrei na Arista descobri que o que eles faziam nas reuniões era se juntar para discutir quem mais merecia entrar naquele grupo maravilhoso que a gente era... como é? E aí a gente ficava sentado tentando decidir quem teria permissão de entrar naquela Arista. Esse tipo de coisa me incomoda psicologicamente, sei lá por que razão que não entendo isso, de homenagem, e desde aquele dia até hoje sempre me incomodou. Quando entrei para a Academia Nacional de Ciências, acabei tendo de pedir pra sair porque era outra organização que passava quase o tempo todo escolhendo quem era ilustre a ponto de entrar, de ter permissão de se unir a nós em nossa organização, incluindo questões sobre como nós, físicos, temos de nos unir porque eles têm um químico ótimo que estão tentando pôr aqui e não temos espaço suficiente para fulano ou sicrano. Qual é o problema dos químicos? A coisa toda era podre, porque seu propósito principal era decidir quem poderia receber a homenagem... como é que é? Não gosto de homenagens.

As regras do jogo

[*De 1950 a 1988, Feynman foi professor de Física Teórica no Instituto de Tecnologia da Califórnia.*] Um jeito, que é uma analogia meio engraçada para ter uma ideia de como é tentar entender a natureza, é imaginar que os deuses estão jogando um jogo fantástico, como xadrez, digamos, e a gente não conhece as regras, mas pode olhar o tabuleiro, pelo menos de vez em quando, no cantinho, talvez, e com essas observações a gente tenta imaginar quais são as regras do jogo, quais as regras de movimento das peças. Por exemplo, depois de algum tempo a gente pode descobrir que, quando só há um bispo no tabuleiro, ele mantém sua cor. Mais tarde, a gente pode descobrir a lei do bispo que se move na diagonal, o que pode explicar a lei que a gente entendeu antes, que ele mantinha a cor, e que seria análogo a descobrir uma lei e depois encontrar uma compreensão mais profunda dela. Então podem acontecer coisas, tudo vai bem, a gente entendeu todas as leis, parece ótimo, e aí, de repente, surge um fenômeno estranho num dos cantos, e aí a gente começa a investigar... é um roque, uma coisa que a gente não esperava. Aliás, na física fundamental a gente está sempre tentando investigar essas coisas que a gente não entende as conclusões. Depois que a gente analisa bastante, tudo bem.

Aquilo que não se encaixa é que é mais interessante, a parte que não acontece do jeito que a gente esperava. Além disso, podemos ter revoluções na física: depois que a gente nota que os bispos mantêm sua cor e que andam na diagonal e coisa assim por tanto tempo, e todo mundo sabe que é verdade, aí de repente a gente descobre, num jogo de xadrez, que o bispo não mantém a cor, que ele muda de cor. Só depois a gente descobre uma nova possibilidade, que o bispo é capturado e que um peão sai lá do lado da rainha para produzir um novo bispo. Isso pode acontecer, mas a gente não sabia, então é muito análogo ao jeito das nossas leis: às vezes parecem positivas, continuam dando certo, mas de repente uma coisinha mostra que estão erradas; aí a gente tem de investigar em que condições aconteceu essa mudança de cor do bispo e coisa e tal, e aos poucos aprende a nova regra que explica as coisas com mais profundidade. Mas, ao contrário do xadrez, em que as regras ficam mais complicadas conforme a gente continua, na física, quando descobrimos coisas novas, elas parecem mais simples. No geral parece mais complicado porque aprendemos uma experiência maior – isto é, aprendemos sobre mais partículas e coisas novas –, e aí as leis parecem complicadas outra vez. Mas quando a gente percebe o tempo todo o que é meio maravilhoso, isto é, se a gente expande a experiência para regiões cada vez mais loucas, de vez em quando temos essas integrações em que tudo se encaixa numa unificação, em que acaba sendo mais simples do que parecia antes.

Para quem se interessa pelo caráter supremo do mundo físico, ou do mundo completo, na época atual a única maneira de entender isso é com um tipo de raciocínio matemático. Acho que ninguém consegue apreciar isso totalmente, ou na verdade não consegue apreciar uma boa parte desses aspectos específicos do mundo, a grande profundidade do caráter de universalidade das leis, a relação entre as coisas, sem um entendimento da matemática. Não conheço nenhum outro jeito de fazer isso. A gente não conhece nenhum outro jeito de descrever isso com exatidão [...] nem de ver as inter-relações sem essa matemática. E acho que quem não desenvolveu alguma noção de matemática não é capaz de apreciar totalmente esse aspecto do mundo. Não me entendam mal, há muitíssimos aspectos do mundo em que a matemática é desnecessária, como o amor, que é muito delicioso e maravilhoso de apreciar e que é misterioso e assombroso; e não estou dizendo que a única coisa do mundo é a física, mas estávamos falando de física, e quando a gente fala de física, não entender matemática é uma grave limitação para entender o mundo.

Esmagar átomos

Bom, o que estou trabalhando na física agora é um problema especial que a gente encontrou e que vou descrever. A gente sabe que tudo é feito de átomos. Já chegamos até aí, e a maioria já sabe disso e que o átomo tem um núcleo com elétrons girando em volta. Hoje o comportamento dos elétrons externos é completamente [conhecido], suas leis são bem compreendidas, até onde a gente sabe, nessa eletrodinâmica quântica da qual já falei. E depois que isso evoluiu, aí o problema foi como funciona o núcleo, como as partículas interagem, como ficam juntas. Um dos subprodutos foi descobrir a fissão e fazer a bomba. Mas investigar as forças que juntam as partículas nucleares foi uma tarefa demorada. No começo, a gente achava que era uma troca de algum tipo de partículas lá dentro, que foram inventadas por Yukawa, chamadas píons, e previam que, se a gente lançasse prótons – o próton é uma das partículas do núcleo – contra um núcleo, eles soltariam esses píons. E com certeza, essas partículas saíram.

Não saíram só píons, mas outras partículas também. E começamos a ficar sem nomes – káons e sigmas e lambdas e coisas assim; hoje todos se chamam hádrons. E conforme a gente aumentava a energia da reação, conseguia mais e mais tipos diferentes, até que havia centenas de tipos de partículas; aí é claro que o problema – esse período é de 1940 até 1950 e até o presente – foi achar o padrão por trás disso. Parecia haver muitíssimas relações e padrões interessantes entre as partículas, até que se formou uma teoria para explicar esses padrões, a de que todas essas partículas na verdade eram feitas de outra coisa, que eram feitas de coisas chamadas quarks – três quarks, por exemplo, formariam um próton – e que o próton é uma das partículas do núcleo; a outra é o nêutron. Os quarks têm algumas variedades. Na verdade, no começo a gente só precisava de três para explicar todas as centenas de partículas, e os diversos tipos de quarks se chamam tipo *u*, tipo *d* e tipo *s*. Dois *u* e um *d* formam um próton, dois *d* e um *u* formam um nêutron. Se eles estivessem se movendo de um jeito diferente lá dentro, havia outra partícula. Então apareceu o problema: qual é exatamente o comportamento dos quarks e como é que eles se juntam? E pensaram numa teoria que é muito simples, uma analogia muito próxima da eletrodinâmica quântica, não exatamente igual mas muito perto, em que os quarks são como o elétron e as partículas chamadas glúons, que ficam entre os elétrons e fazem eles se atraírem eletricamente, são como os fótons. A matemática era muito parecida, mas há alguns termos um pouquinho diferentes. A diferença na forma das equações é que eram imaginadas segundo princípios de tamanha beleza e simplicidade que não é arbitrário, é muitíssimo determinado. Arbitrário é quantos tipos diferentes de quark existem, mas não o caráter da força entre eles.

Agora, diferente da eletrodinâmica, em que dois elétrons podem ser separados quando a gente quiser, na verdade quando eles estão muito distantes a força se enfraquece; se isso acontecesse com os quarks, seria de se esperar que, quando as coisas se chocassem com força suficiente, os quarks sairiam. Mas, em vez disso, quando a gente faz uma experiência com energia suficiente para fazer os quarks saírem, a gente vê um grande jato, isto é, todas as partículas indo mais ou menos na mesma direção, como os antigos hádrons, não como quarks. Pela teoria, era óbvio que o necessário era que, quando o quark saísse, ele formasse esses novos pares de quarks e eles saíssem em grupinhos e formassem hádrons.

A questão é: por que é tão diferente na eletrodinâmica, como essas pequenas diferenças, esses pequenos termos que são diferentes na equação, produzem efeitos tão diferentes, totalmente diferentes? Na verdade, foi uma grande surpresa para a maioria que isso realmente acontecesse, que primeiro a gente pensaria que a teoria estava errada, mas quanto mais ela era estudada mais ficava claro que era muito possível que esses termos a mais produzissem esse efeito. Aí a gente estava numa posição que é diferente na história, mais do que em todas as outras épocas na física, isso é sempre diferente. Temos uma teoria, uma teoria completa e definida de todos esses hádrons, e temos um número enorme de experimentos e montes e mais montes de detalhes, então por que não conseguimos testar a teoria de uma vez e descobrir se está certa ou errada? Porque o que a gente tem de fazer é calcular as consequências da teoria. Se a teoria estiver certa, o que deveria acontecer? E isso aconteceu? Bom, dessa vez a dificuldade está no primeiro passo. Se a teoria estiver certa, o que deveria acontecer é dificílimo de imaginar. Acontece que a matemática necessária para imaginar quais seriam as consequências dessa teoria, no momento atual, é absurdamente difícil. No momento atual, tudo bem? Portanto é óbvio qual é o meu problema. Meu problema é dar um jeito de tirar os números dessa teoria, de testá-la com muito cuidado, não só de forma quantitativa, para ver se ela pode dar o resultado certo.

Passei alguns anos tentando inventar coisas matemáticas que me permitissem resolver as equações, mas não cheguei a lugar nenhum. Aí decidi que, pra isso, eu tinha antes de entender mais ou menos como a resposta provavelmente seria. É difícil explicar isso direito, mas eu tinha de arranjar uma ideia qualitativa de como o fenômeno funciona antes de conseguir uma boa ideia quantitativa. Em outras palavras, ninguém nem entendia direito como é que funcionava, e eu estava trabalhando mais recentemente, nos últimos anos, para entender mais ou menos como funciona, não quantitativamente ainda, na esperança de que, no futuro, esse entendimento grosseiro pudesse ser refinado numa ferramenta, num jeito, num algoritmo matemático preciso, para ir da teoria às partículas. Sabe, a gente está numa posição engraçada. Não é que a gente esteja procurando a teoria, já temos a teoria, uma candidata muito, muito boa, mas estamos no degrau da ciência em que a gente precisa comparar a teoria com as experiências, ver quais são as consequências e conferir. Estamos empacados nisso de ver quais são as consequências, e a minha meta, o meu desejo é ver se consigo imaginar um jeito de imaginar quais são as consequências dessa teoria (RISOS). É uma posição meio maluca essa, de ter uma teoria e não conseguir imaginar as consequências dela [...] Não aguento, tenho de imaginar. Talvez algum dia.

Let George Do It[3]

Para fazer um trabalho elevado e muito bom de física, a gente precisa de períodos absolutamente contínuos, e quando a gente está montando ideias que são vagas e difíceis de lembrar, é bem parecido com a construção de um castelo de cartas, e cada uma das cartas treme, e se a gente esquecer uma delas a coisa toda desmorona outra vez. A gente não sabe como chegou lá e tem de construir tudo de novo, se alguém interromper a gente pode esquecer metade da ideia de como as cartas se juntaram – as cartas são partes diferentes das ideias, ideias de vários tipos que têm de se juntar para montar a ideia. A questão principal é: a gente monta a coisa, é como uma torre e é fácil escorregar, precisa de muita concentração – ou seja, tempo contínuo para pensar; e se a gente trabalha administrando alguma coisa, não tem esse tempo contínuo. Aí inventei um outro mito pra mim: de que sou irresponsável. Digo a todo mundo que não faço nada. Se alguém me pede para participar de um comitê para cuidar de matrículas, não, sou irresponsável, não dou a mínima para os alunos – é claro que dou a mínima para os alunos, mas sei que outra pessoa vai cuidar disso; e aí adoto a postura de "*Let George Do It*", postura que a gente não deveria assumir, tudo bem, porque não está certo, mas faço isso porque gosto de trabalhar com física e quero ver se ainda consigo, portanto sou egoísta, tá certo? Quero fazer a minha física.

3 Em tradução livre, "Deixe com o Jorge"; algo como "dar uma de João-sem-braço", deixar outra pessoa fazer o trabalho. Há ocorrências da expressão em inglês no início do século XX, mas, de acordo com H. L. Mencken, em *The American Language*, a frase originou-se na França no século XV, em referência ao cardeal faz-tudo Georges d'Amboise, primeiro-ministro de Luís XII. *George* também é usado para nomear o piloto automático em aviões até hoje. [N.T.]

De saco cheio de história

Todos os alunos estão na sala, e você me pergunta: como é o melhor jeito de dar aula pra eles? Eu deveria ensinar do ponto de vista da história da ciência ou das aplicações? Minha teoria é que a melhor maneira de ensinar é não ter filosofia nenhuma. Tem de ser caótico e confuso, no sentido de que a gente usa todos os jeitos possíveis de ensinar. Esse é o único jeito que consigo ver de responder essa pergunta, pra pegar esse cara ou aquele cara com ganchos diferentes pelo caminho, e na época em que o sujeito interessado em história fica de saco cheio da matemática abstrata, o sujeito que gosta das abstrações fica de saco cheio de história. Se a gente consegue ensinar de um jeito que não encha o saco de todo mundo o tempo todo, talvez seja melhor. Na verdade não sei como é. Não sei responder a essa pergunta de tipos diferentes de cabeça com tipos diferentes de interesse: o que pega cada um, o que interessa a cada um, como levar todos eles a se interessar. Um jeito é com um tipo de força: você tem de passar nesse curso, você tem de fazer a prova. É um jeito muito eficaz. Muita gente passa assim pelas escolas, e pode ser um jeito mais eficaz. Sinto muito, mas depois de muitíssimos anos tentando ensinar e experimentando todos os tipos diferentes de método, não sei mesmo como é que se faz.

Tal pai, tal filho

Quando eu era menino era o maior barato o meu pai me dizendo coisas, e tentei dizer ao meu filho coisas que eram interessantes sobre o mundo. Quando ele era pequenininho, a gente embalava ele pra dormir, sabe, e contava histórias, e inventei uma história sobre pessoinhas que eram assim desse tamaninho que andavam por aí e faziam piquenique e tal e moravam no ventilador. E elas saíam pela floresta que tinha coisas azuis altas e compridas como árvores, mas sem folhas e um caule só, e tinham de andar entre elas e tal. E aos poucos ele entendia que era o tapete, os pelinhos do tapete, o tapete azul, e ele adorava esse jogo porque eu descrevia todas as coisas de um ponto de vista esquisito. Ele gostava de ouvir as histórias, e a gente fazia muitas coisas maravilhosas; ele foi até uma caverna úmida onde o vento não parava de entrar e sair: entrava frio e saía quente, e coisa e tal. Era dentro do focinho do cachorro que as pessoinhas iam, e aí, é claro, eu falava tudo sobre fisiologia desse jeito e coisa e tal. Ele adorava, e eu lhe contei montes de coisas, e eu gostava porque estava lhe contando coisas de que eu gostava, e a gente se divertia quando ele adivinhava o que era e tal. E aí tive uma filha e tentei a mesma coisa... Bom, a personalidade da minha filha era diferente, ela não queria ouvir essa história, ela queria a história do livro repetida e relida para ela. Ela queria que eu lesse pra ela, não que inventasse histórias, é uma personalidade diferente. E assim, eu poderia dizer que um ótimo método de ensinar ciência às crianças é inventar essas histórias de pessoinhas, que não funcionou de jeito nenhum com minha filha, mas por acaso funcionou com meu filho, tá bem?

"Ciência que não é ciência..."

Por causa do sucesso da ciência, acho que existe um tipo de pseudociência. A ciência social é um exemplo de uma ciência que não é ciência; eles não fazem [as coisas] cientificamente; eles seguem os formulários – assim, eles coletam dados, fazem isso e aquilo e aquilo outro, mas não tiram lei nenhuma, não descobriram nada. Ainda não chegaram a lugar nenhum. Talvez algum dia cheguem, mas não é muito bem desenvolvido, e o que acontece está num nível ainda mais mundano. Temos especialistas em tudo que soam como se fossem um tipo de especialista científico. Não são científicos. Eles se sentam na frente da máquina de escrever e inventam alguma coisa, como, ah, comida cultivada com, hã, adubo que é orgânico é melhor do que comida cultivada com adubo que é inorgânico. Pode ser verdade, pode não ser, mas não foi demonstrado, nem de um jeito, nem de outro. Mas eles ficam ali sentados na frente da máquina de escrever e inventam essa coisa toda como se fosse ciência e viram especialistas em alimentos, alimentos orgânicos e coisa e tal. Existe um monte de tipos de mitos e pseudociência por toda parte.

Posso estar muito errado, talvez eles saibam todas essas coisas, mas não acho que eu esteja errado. Sabe, tenho a vantagem de ter descoberto como é difícil saber mesmo alguma coisa, como a gente tem de tomar cuidado para conferir as experiências, como é fácil cometer erros e se enganar. Sei o que significa saber alguma coisa, portanto vejo como eles obtêm as informações e não consigo acreditar que saibam, eles não fizeram o trabalho necessário, não fizeram as verificações necessárias, não tomaram o cuidado necessário. Tenho muita suspeita de que não sabem, de que esse troço está [errado] e que eles estão intimidando os outros. É o que acho. Não conheço o mundo muito bem, mas é o que acho.

Dúvida e incerteza

Quem espera que a ciência dê todas as respostas das perguntas maravilhosas sobre o que somos, aonde vamos, qual é o significado do universo e coisa e tal, acho que vai se desiludir e depois procurar alguma resposta mística para esses problemas. Como um cientista pode aceitar uma resposta mística, não sei, porque o espírito da coisa é entender... bom, não importa. Seja como for, não entendo isso, mas se a gente parar pra pensar, o jeito que acho que estamos fazendo é que estamos explorando, estamos tentando descobrir o máximo possível sobre o mundo. Todo mundo me pergunta: "Você está procurando as leis supremas da física?" Não, não estou. Só estou procurando descobrir mais sobre o mundo, e se acontecer que haja uma lei suprema e simples que explique tudo, que seja, seria muito bom descobrir isso.

Se acontecer que seja como uma cebola com milhões de camadas e que a gente fique enjoado e de saco cheio de olhar as camadas, então que seja, mas não importa o jeito, sua natureza está ali e vai aparecer do jeito que é. Portanto, quanto a gente vai investigar não dá para decidir antes o que é que a gente está tentando fazer, só que é tentar descobrir mais sobre aquilo. Se você disser que é um problema o porquê de descobrir mais sobre aquilo, se achar que está tentando descobrir mais sobre aquilo porque vai encontrar a resposta a alguma questão filosófica profunda, você pode estar errado. Pode ser que não encontre a resposta àquela pergunta específica descobrindo mais sobre o caráter da natureza, mas não vejo a coisa [assim]. Meu interesse na ciência é simplesmente descobrir mais sobre o mundo, e quanto mais descubro melhor fica descobrir. Há mistérios muito extraordinários no fato de que a gente é capaz de fazer tanta coisa mais do que os animais, e outras questões como essa, mas esses são mistérios que quero investigar sem saber a resposta deles. Por isso não consigo mesmo acreditar nessas histórias especiais que foram inventadas sobre nossa relação com o universo em geral, porque parecem simples demais, interligadas demais, locais demais, provincianas demais. A Terra, Ele veio à Terra, um dos aspectos de Deus veio à Terra, veja bem, e olhe o que há por aí. Não é proporcional. Seja como for, não adianta discutir, não posso discutir, só estou tentando lhe dizer por que as minhas opiniões científicas têm algum efeito sobre a minha crença. E também outra coisa tem a ver com a questão de como descobrir que uma coisa é verdadeira, e se todas as religiões diferentes têm teorias diferentes sobre a coisa, aí a gente começa a pensar. Depois que a gente começa a duvidar, como se deveria duvidar, alguém vem e pergunta se a ciência é verdadeira. A gente diz que não, que não sabemos o que é verdadeiro, estamos tentando descobrir e tudo pode estar errado.

Comece a entender a religião dizendo que talvez tudo esteja errado. Vejamos. Assim que faz isso, a gente começa a escorregar por uma ladeira, e é difícil se recuperar e coisa e tal. No ponto de vista científico, ou no ponto de vista de meu pai, em que a gente deveria procurar o que é verdade e o que pode ser verdade ou não, depois que a gente começa a duvidar – e, para mim, duvidar e perguntar é uma parte fundamental da minha alma –, quando a gente duvida e pergunta fica um pouco mais difícil acreditar.

Entende, uma coisa é: posso conviver com a dúvida e a incerteza, posso não saber. Acho que é muito mais interessante viver sem saber do que ter respostas que podem estar erradas. Tenho respostas aproximadas, possíveis crenças e graus de certeza diferentes sobre várias coisas, mas não tenho certeza absoluta de nada, e há muitas coisas que não sei de jeito nenhum, como se significa alguma coisa perguntar por que estamos aqui e o que pode significar essa pergunta. Posso pensar um pouquinho nisso e, se não conseguir resolver, então passo pra outra coisa, mas não tenho de saber a resposta. Não tenho medo de não saber as coisas, de me perder num universo misterioso sem ter nenhum propósito, que é como as coisas realmente são, até onde posso dizer. Isso não me assusta.

2. Computadores do futuro

Quarenta anos depois do lançamento da bomba atômica em Nagasaki, Feynman, veterano do Projeto Manhattan, deu uma palestra no Japão, mas o tema é pacífico e ainda ocupa nossas mentes mais inteligentes: o futuro da máquina de computar, que inclui o tópico que fez Feynman parecer um Nostradamus da ciência computacional – o supremo limite inferior do tamanho do computador. Este capítulo pode ser difícil para alguns leitores; no entanto, é uma parte tão importante da contribuição de Feynman à ciência que espero que se dediquem a lê-lo, mesmo que tenham de pular algumas partes mais técnicas. O texto termina com uma breve discussão de uma das ideias favoritas de Feynman que deu início à atual revolução da nanotecnologia.

Introdução

É uma honra e um grande prazer estar aqui para falar em homenagem a um cientista como o professor Nishina, que tanto respeitei e admirei. Vir ao Japão para falar sobre computadores é como fazer um sermão a Buda. Mas andei pensando sobre computadores, e foi o único tema em que consegui pensar quando me convidaram para falar.

A primeira coisa que gostaria de dizer é o que não vou falar. Quero falar sobre o futuro dos computadores. Mas os desenvolvimentos futuros possíveis e mais importantes são coisas das quais não vou falar. Por exemplo, há muito trabalho sendo feito para desenvolver máquinas mais inteligentes, que tenham uma relação melhor com os seres humanos, de modo que a entrada e a saída de informações possam acontecer com menos esforço do que a complexa programação necessária hoje. Costumam dar a isso o nome de inteligência artificial, mas não gosto desse nome. Talvez as máquinas não inteligentes possam ter desempenho ainda melhor que as inteligentes.

Outro problema é a padronização das linguagens de programação. Hoje há linguagens demais, e seria boa ideia escolher uma só. (Hesito em mencionar isso no Japão, porque o que vai acontecer é que simplesmente haverá mais linguagens-padrão; vocês já têm quatro jeitos de escrever, e parece que a tentativa de padronizar alguma coisa por aqui só resulta em mais padrões em vez de menos!)

Outro interessante problema futuro em que vale a pena trabalhar mas que não vou comentar são os programas de debugagem automática. Debugar significa consertar erros de um programa ou de uma máquina, e é surpreendentemente difícil debugar os programas quando eles ficam mais complicados.

Outra direção de aperfeiçoamento é tornar as máquinas físicas tridimensionais, em vez de pôr tudo na superfície de um chip. Isso pode ser feito em estágios em vez de tudo ao mesmo tempo; dá pra ter várias camadas e depois acrescentar muitas outras camadas com o passar do tempo. Outro aparelho importante seria um que percebesse automaticamente os elementos defeituosos de um chip; aí o chip refaria automaticamente seus contatos para evitar os elementos com defeito. Atualmente, quando tentamos fazer chips grandes, costuma haver falhas ou pontos ruins no chip e jogamos o chip inteiro fora. Se a gente desse um jeito de usar a parte do chip que funciona, seria muito mais eficiente. Menciono essas coisas para tentar lhes dizer que sei quais são os verdadeiros problemas das máquinas futuras. Mas quero falar sobre algo simples, só umas coisinhas técnicas e fisicamente boas que, em princípio, podem ser feitas de acordo com as leis da física. Em outras palavras, gostaria de discutir a maquinaria, não o jeito como usamos as máquinas.

Falarei sobre algumas possibilidades técnicas de fazer máquinas. Serão três tópicos. Um são as máquinas de processamento paralelo, que é uma coisa do futuro muito próximo, quase do presente, que está sendo desenvolvida agora. Mais para o futuro, há a questão do consumo de energia das máquinas, que, no momento, parece ser uma limitação, mas na verdade não é. Finalmente, falarei sobre o tamanho. É sempre melhor fazer máquinas menores, e a questão é: até que ponto ainda é possível, em princípio, fazer máquinas menores de acordo com as leis da Natureza? Não vou discutir qual dessas coisas realmente acontecerá no futuro. Isso depende de problemas econômicos e sociais, e nem vou tentar adivinhar quais serão.

Computadores paralelos

O primeiro tópico trata de computadores paralelos. Quase todos os computadores atuais, computadores convencionais, trabalham com uma estrutura ou arquitetura inventada por von Neumann[1], em que há uma memória bem grande que armazena todas as informações e um local central que faz cálculos simples. A gente pega um número deste lugar da memória, um número daquele lugar da memória, manda os dois para a unidade aritmética central para somar os dois e depois enviamos a resposta para outro lugar da memória. Portanto, efetivamente há um único processador central que trabalha muito, muito depressa e com muito afinco, enquanto a memória toda fica ali parada, como um arquivo que se enche bem depressa de fichas raramente usadas. É óbvio que, se houvesse mais processadores trabalhando ao mesmo tempo, a gente deveria fazer as contas mais depressa. Mas o problema é que quem estiver usando um processador pode empregar uma informação da memória que o outro vai precisar, e a coisa fica muito confusa. Por essa razão, já disseram que é dificílimo pôr muitos processadores para trabalhar em paralelo.

Foram dados alguns passos nessa direção nas máquinas convencionais maiores chamadas "processadores vetoriais". Às vezes, quando a gente quer fazer exatamente a mesma coisa em muitos itens diferentes, talvez dê para fazer ao mesmo tempo. A esperança é que programas regulares possam ser escritos do jeito comum, e depois um programa intérprete descubra automaticamente quando será útil usar essa possibilidade vetorial. A ideia é usada no Cray e em "supercomputadores" do Japão. Outro plano é pegar, na verdade, um número bem grande de computadores relativamente simples (mas não muito simples) e ligar todos eles formando um padrão. Aí todos podem trabalhar numa parte do problema. Realmente, cada um deles é um computador independente, e eles vão transferir informações entre si conforme necessário. Esse tipo de esquema é usado no CalTech Cosmic Cube, por exemplo, e representa apenas uma das

---

1 John von Neumann (1903-1957), matemático húngaro-americano considerado um dos pais do computador.

muitas possibilidades. Hoje, muita gente está fazendo máquinas assim. Outro plano é distribuir um número enorme de processadores centrais bem simples por toda a memória. Cada um deles só cuida de uma parte pequena da memória, e há um sistema complicado de interligações entre eles. Um exemplo de máquina assim é a Connection Machine, feita no MIT. Tem 64.000 processadores e um sistema de roteamento no qual dezesseis deles podem falar com outros dezesseis, criando 4.000 possibilidades de conexão no roteamento.

Parece que problemas científicos, como a propagação de ondas num material, podem ser resolvidos facilmente com o processamento paralelo, porque o que acontece em qualquer parte do espaço em qualquer momento dado pode ser elaborado no local, e só as pressões e tensões dos volumes vizinhos precisam ser conhecidas. Essas podem ser calculadas ao mesmo tempo para cada volume, e essas condições fronteiriças, transmitidas entre os diversos volumes. É por isso que esse tipo de organização funciona com problemas assim. Acontece que um número enorme de problemas de todos os tipos pode ser resolvido em paralelo. Contanto que o problema seja bastante grande para que seja preciso fazer um monte de cálculos, a computação paralela pode apressar enormemente a solução, e o princípio não se aplica só a problemas científicos.

O que aconteceu com o preconceito de dois anos atrás de que a programação paralela é difícil? Acontece que é difícil e quase impossível pegar um programa comum e, automaticamente, descobrir como usar a computação paralela com eficácia naquele programa. Em vez disso, é preciso começar tudo de novo com o problema, avaliar que temos a possibilidade do cálculo paralelo e reescrever o programa completamente, com um novo [entendimento do] que está dentro da máquina. Não é possível, efetivamente, usar os programas antigos. Eles têm de ser reescritos. Essa é uma grande desvantagem para a maioria das aplicações industriais, que oferecem considerável resistência. Mas os grandes programas costumam pertencer a um ou outro cientista, programadores inteligentes e não oficiais que adoram a ciência da computação e se dispõem a começar tudo de novo e reescrever o programa se ele puder ficar mais eficiente. Então o que vai acontecer é que os problemas mais importantes, os imensos, serão os primeiros a serem reprogramados por especialistas do novo jeito, e depois, aos poucos, todo mundo terá de acompanhar, e mais e mais programas serão feitos assim, e os programadores vão ter de aprender.

Redução da perda de energia

O segundo tópico que quero tratar é a perda de energia nos computadores. O fato de terem de ser resfriados é uma aparente limitação para os computadores maiores; boa parte do esforço se gasta resfriando a máquina. Eu gostaria de explicar que esse resultado vem simplesmente da péssima engenharia e não é nada fundamental. Dentro do computador, cada informação é controlada por um fio que tem um valor ou outro de voltagem. Isso se chama *bit*, e temos de mudar a voltagem do fio de um valor a outro e pôr carga ou tirar carga. Faço uma analogia com a água: a gente tem de encher uma vasilha com água para chegar num nível ou esvaziar para chegar no outro nível. Essa é apenas uma analogia; quem prefere eletricidade pode pensar com mais exatidão em termos elétricos. Hoje o que fazemos é análogo, no caso da água, a encher a vasilha despejando água de cima (Figura 1) e baixar o nível abrindo a válvula no fundo e deixando tudo escoar. Em ambos os casos, há perda de energia devido à queda súbita do nível da água numa altura que vai do nível superior onde ela entra até o nível do fundo, e também quando a gente começa a despejar água para encher a vasilha de novo. Nos casos da voltagem e da carga, a mesma coisa acontece.

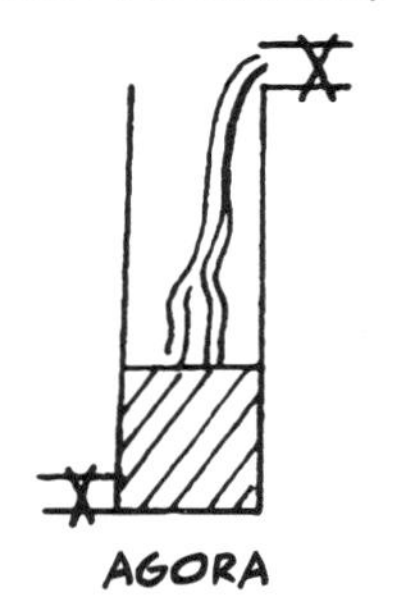

FIGURA 1

Como explicou o Sr. Bennett, é como dirigir um automóvel, e é preciso dar a partida no motor e pisar no freio para parar. Toda vez que a gente dá a partida no motor e depois pisa no freio, perde potência. Outro jeito de organizar as coisas no carro seria ligar as rodas ao volante do motor. Aí quando o carro parasse, o volante iria mais depressa, economizando energia, que poderia ser religada para dar a partida no carro outra vez. Na analogia da água, seria como ter um tubo em forma de U com uma válvula no centro, embaixo, ligando os dois braços do U (Figura 2). A gente começa com ele cheio à direita mas vazio à esquerda, com a válvula fechada. Se a gente abrir a válvula, a água vai passar para o outro lado, e podemos fechar a válvula de novo a tempo de prender a água no braço esquerdo. E quando quiser ir para o outro lado, a gente abre a válvula de novo e a água volta para o outro lado, e a gente fecha outra vez. Há alguma perda, e a água não sobe tão alto quanto antes, mas só é preciso pôr um pouquinho d'água para corrigir a perda – uma perda de energia muito menor do que no método do enchimento direto. Esse truque usa a inércia da água, e o análogo na eletricidade é a indutância. No entanto, com os transístores de silício que usamos hoje é dificílimo criar indutância nos chips. Portanto, essa técnica não é muito prática com a tecnologia atual.

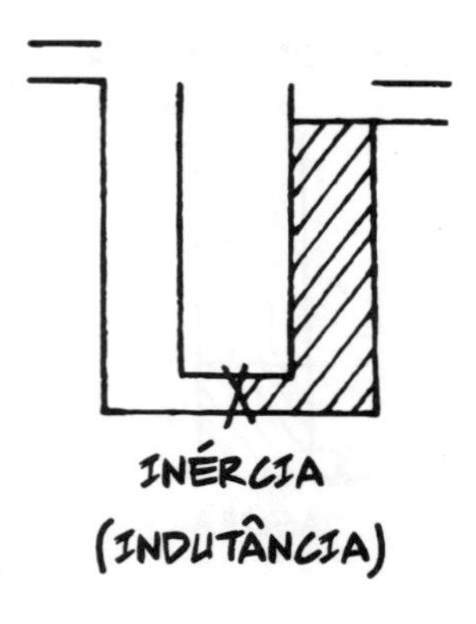

FIGURA 2

Outro jeito seria encher o tanque com uma fonte um pouquinho só acima do nível da água e subir a fonte de água ao mesmo tempo que se enche o tanque (Figura 3), para que a queda d'água seja sempre pequena durante todo o processo. Da mesma maneira, a gente pode usar um escoadouro para baixar o nível no tanque, mas só tirar água perto do alto e baixar o tubo, para que a perda de calor não apareça na posição do transístor ou seja pequena. A perda real vai depender da distância entre a fonte e a superfície enquanto enchemos. Esse método corresponde a alterar a voltagem com o tempo. Se der para usar uma fonte de voltagem que varie com o tempo, é possível usar esse método. É claro que há perda de energia na fonte de voltagem, mas ela se localiza toda num lugar só e é simples criar uma única indutância grande. Esse esquema se chama "*hot clocking*" porque a fonte de voltagem funciona no mesmo ritmo do relógio que mede tudo. Além disso, não precisamos de um sinal extra do relógio para sincronizar os circuitos como nos projetos convencionais.

Esses dois últimos dispositivos usam menos energia se funcionarem mais devagar. Se eu tentar mover a fonte de água depressa demais, a água no tubo não vai acompanhar e vai haver uma gran-

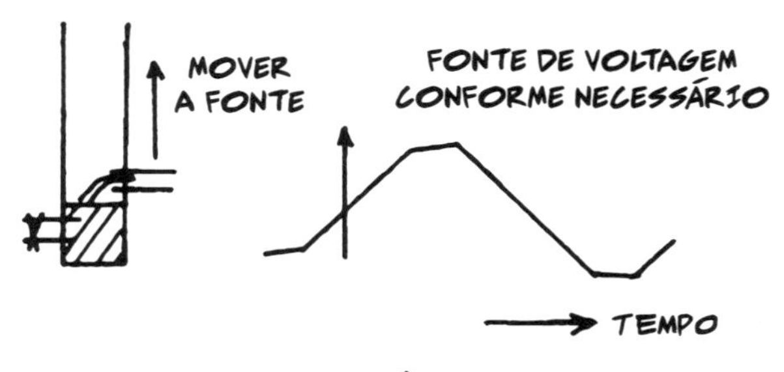

FIGURA 3

de queda do nível de água. Portanto, para o dispositivo funcionar tenho de ir devagar. Do mesmo modo, o esquema do tubo em U só vai funcionar se a válvula central puder se abrir e fechar mais depressa do que o tempo necessário para a água no tubo ir pra lá e pra cá. Portanto, meus dispositivos têm de ser mais lentos; reduzi a perda de energia, mas deixei os aparelhos mais lentos – na verdade, a perda de energia multiplicada pelo tempo necessário para o circuito funcionar é constante. Ainda assim, isso é muito prático, porque o tempo do relógio costuma ser muito maior do que o tempo de circuito dos transístores, e podemos usar isso para reduzir a energia. Além disso, se a gente for, digamos, três vezes mais devagar com os cálculos, podemos usar um terço da energia no triplo do tempo, o que é nove vezes menos potência que vai se dissipar. Talvez valha a pena. Talvez, em projetos que usem a computação paralela ou outros dispositivos, a gente consiga passar um tempo um pouco maior na velocidade máxima do circuito e fazer uma máquina maior que seja prática e na qual ainda dê para reduzir a perda de energia.

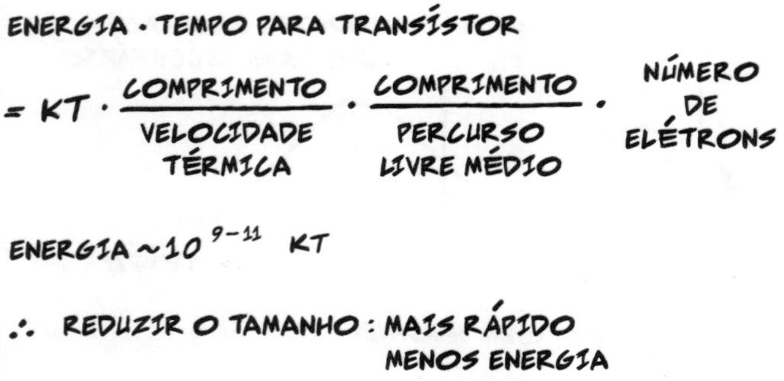

ENERGIA · TEMPO PARA TRANSÍSTOR

$$= kT \cdot \frac{\text{COMPRIMENTO}}{\text{VELOCIDADE TÉRMICA}} \cdot \frac{\text{COMPRIMENTO}}{\text{PERCURSO LIVRE MÉDIO}} \cdot \text{NÚMERO DE ELÉTRONS}$$

$$\text{ENERGIA} \sim 10^{9-11}\ kT$$

∴ REDUZIR O TAMANHO : MAIS RÁPIDO
MENOS ENERGIA

FIGURA 4

Num transístor, a perda de energia multiplicada pelo tempo que ele leva para funcionar é produto de vários fatores (Figura 4):

1. a energia térmica proporcional à temperatura, kT;
2. a extensão do transístor entre a fonte e o escoadouro, dividida pela velocidade dos elétrons lá dentro (velocidade térmica $\sqrt{3kT/m}$);
3. a extensão do transístor em unidades do percurso livre médio para colisões de elétrons dentro do transístor;
4. número total de elétrons dentro do transístor quando ele funciona.

Quando se põe os valores adequados de todos esses números, a energia usada nos transístores de hoje fica entre um bilhão e dez bilhões ou mais vezes a energia térmica kT. Quando o transístor muda de estado, usamos esse tanto de energia. É uma quantidade de energia muito grande. É óbvio que seria bom diminuir o tamanho do transístor. Diminuímos a distância entre fonte e escoadouro e podemos diminuir o número de elétrons e, assim, usar muito menos energia. Acontece também que o transístor menor é muito mais rápido, porque os elétrons podem ir de um lado a outro mais depressa e tomar suas decisões de mudar de estado mais depressa. Por todas as razões, é bom fazer transístores menores, e todo mundo vive tentando isso.

Mas vamos supor que a gente chegue a uma circunstância em que o percurso livre médio é maior do que o tamanho do transístor; aí a gente descobre que o transístor não funciona mais como devia. Ele não se comporta do jeito esperado. Isso me lembra que, anos atrás, havia uma coisa chamada "barreira do som". Os aviões não deveriam voar mais depressa do que o som porque, se fossem projetados normalmente e se a gente pusesse a velocidade do som nas equações, a hélice não funcionaria e as asas não voariam e nada funcionaria direito. Ainda assim, os aviões conseguem voar mais depressa do que o som. Só é preciso saber quais são as leis certas nas circunstâncias certas e projetar o aparelho com as leis certas. A gente não pode querer que projetos velhos funcionem em circunstâncias novas. Mas projetos *novos* podem funcionar em circunstâncias *novas*, e afirmo que é perfeitamente possível fazer sistemas de transístores, ou, mais corretamente, sistemas de interruptores e aparelhos de computação em que as dimensões sejam menores que o percurso livre médio. É claro que falo "em princípio", e não estou falando da fabricação concreta desses aparelhos. Portanto, vamos discutir o que acontece se tentarmos fazer o menor aparelho possível.

Reduzir o tamanho

Portanto, meu terceiro tópico é o tamanho dos elementos computacionais, e agora só vou falar teoricamente. A primeira coisa com que a gente se preocupa quando as coisas ficam peque-

MOVIMENTO BROWNIANO

2 VOLTS = 80 kT

PROB. ERRO $e^{-80} = 10^{-43}$

10^9 TRANSÍSTORES

10^{10} MUDANÇAS/SEG. CADA

10^9 SEGUNDOS (30 ANOS)

10^{28}

FIGURA 5

nininhas é o movimento browniano[2]: tudo se sacode e nada fica no lugar. E aí, como controlar os circuitos? Além disso, se um circuito funcionar, será que agora ele não terá a possibilidade de se desligar sem querer? Se a gente usar dois volts como energia desse sistema elétrico, que é o normalmente usado (Figura 5), isso é oitenta vezes a energia térmica na temperatura ambiente ($kT = 1/40$ volt), e a probabilidade de alguma coisa dar pra trás contra oitenta vezes a energia térmica é *e*, a base do logaritmo natural, elevado a menos oitenta, ou 10^{-43}. O que isso significa? Se tivermos um bilhão de transístores num computador (o que ainda não temos), todos eles mudando de estado 10^{10} vezes por segundo (tempo de liga/desliga de um décimo de nanossegundo), ligando e desligando sem parar, funcionando durante 10^9 segundos, ou seja, trinta anos, o número total de operações de liga/desliga dessa máquina é de 10^{28}. A probabilidade de um dos transístores voltar atrás é de

2 Movimentos irregulares das partículas provocados pelas colisões constantes e aleatórias das moléculas, observados e publicados pela primeira vez em 1828 pelo botânico Robert Brown, e explicados por Albert Einstein num artigo de 1905 em *Annalen der Physik*.

apenas 10^{-43}, logo não haverá nenhum erro produzido por nenhuma oscilação térmica em trinta anos. Se não gostou, use 2,5 volts, e a probabilidade vai ficar menor ainda. Muito antes disso, haverá falhas reais quando um raio cósmico passar acidentalmente pelo transístor, e ninguém precisa ser mais perfeito do que isso.

No entanto, na verdade muito mais coisa é possível, e gostaria de recomendar um artigo de C. H. Bennett e R. Landauer na última *Scientific American*, "The Fundamental Physical Limits of Computation".[3] É possível fazer um computador em que cada elemento, cada transístor possa ir e voltar e ainda assim o computador vai funcionar. Todas as operações do computador podem ir e voltar. O cálculo acontece algum tempo num sentido e depois se desfaz, "descalcula", e aí avança de novo, e assim por diante. Vamos avançar mais um pouco: dá pra fazer esse computador continuar e terminar o cálculo se a gente tornar só um pouquinho mais provável que ele vá em vez de voltar.

É sabido que todos os cálculos possíveis podem ser feitos reunindo alguns elementos simples como os transístores; ou, se quisermos mais abstração lógica, alguma coisa chamada porta NAND, por exemplo (NAND significa NOT-AND, ou seja, não-e ao mesmo tempo). Uma porta NAND tem dois "fios" entrando e um saindo (Figura 6). Esqueça o NOT por enquanto. O que é uma porta AND? A porta AND é um dispositivo cuja saída só é 1 quando ambos os fios de entrada forem 1, senão a saída é 0. NOT-AND significa o oposto; o fio de saída é 1 (isto é, tem o nível de voltagem correspondente a 1), a não ser que ambos os fios de entrada sejam 1; se ambos os fios de entrada forem 1, o fio de saída será 0 (isto é, terá o nível de voltagem que corresponde a 0). A figura 6 mostra uma tabelinha de entradas e saídas de uma porta NAND desse tipo. *A* e *B* são entradas, *C* é a saída. Se *A* e *B* forem 1, a saída é 0; caso con-

3 *Sci. Am.* julho de 1985; trad. japonesa: SAIENSU, setembro de 1985.

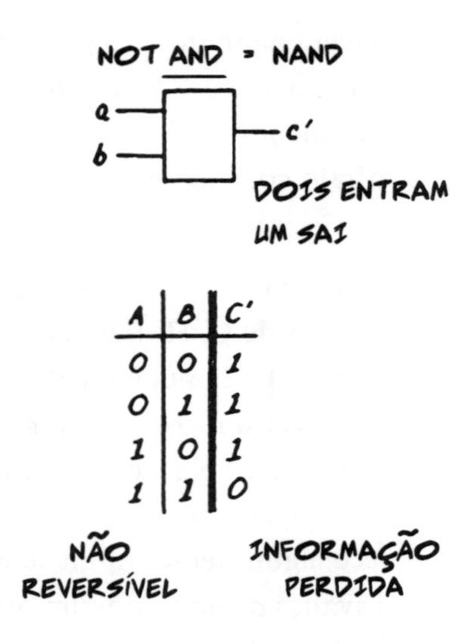

FIGURA 6

trário, é 1. Mas um dispositivo desses é irreversível: a informação se perde. Se eu só souber a saída, não consigo recuperar a entrada. Não dá para esperar que o dispositivo vá e depois volte e calcule corretamente. Por exemplo, se soubermos que a saída agora é 1, não sabemos se veio de A=0, B=1 ou A=1, B=0 ou A=0, B=0, e não podemos voltar. Um dispositivo desses é uma porta irreversível. A grande descoberta de Bennett e, independentemente, de Fredkin é que é possível fazer cálculos com um tipo diferente de porta fundamental, ou seja, uma porta reversível. Ilustrei a ideia deles com uma unidade que eu chamaria de porta NAND reversível. Ela tem três entradas e três saídas (Figura 7). Duas saídas, *A'* e *B'*, são iguais às duas entradas *A* e *B*, mas a terceira entrada funciona do seguinte modo: *C'* é igual a *C*, a não ser que *A* e *B* sejam 1; nesse caso, ele muda *C*, qualquer que seja *C*. Por exemplo, se *C* for 1, muda para 0; se for 0, muda para 1; mas essas mudanças só acontecem se tanto *A* quanto *B* forem 1. Se a gente puser duas portas dessas em sucessão,

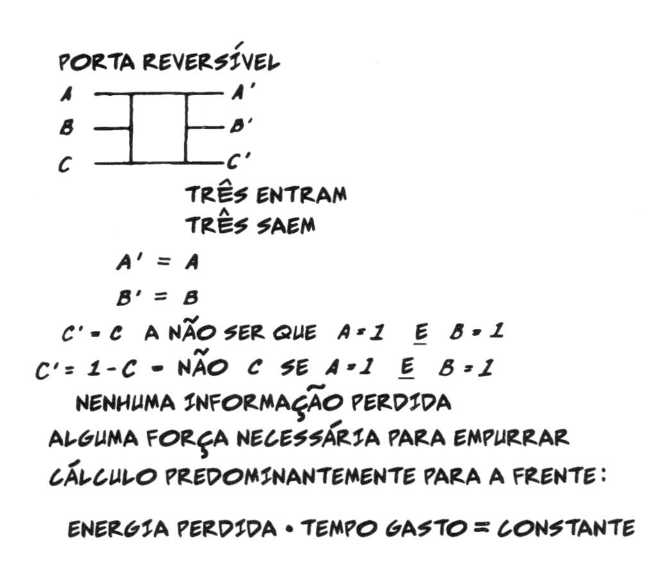

Figura 7

dá para ver que *A* e *B* passarão, e que *C* vai continuar igual se não mudar em nenhuma das duas. Caso mude, *C* vai mudar duas vezes, portanto vai ficar igual. Assim, essa porta pode se reverter e não se perde nenhuma informação. É possível descobrir o que entrou se a gente souber o que saiu.

Um dispositivo feito todinho com portas assim vai fazer cálculos se tudo avançar. E se as coisas avançarem e recuarem por algum tempo, mas depois acabarem avançando, ele ainda vai funcionar direito. Se tudo voltar e só avançar bem depois, ainda vai dar certo. É mais ou menos a mesma coisa que uma partícula de gás bombardeada pelos átomos em volta. Geralmente, uma partícula dessas não vai a lugar nenhum, mas basta um puxãozinho, um preconceitozinho que faça o acaso ir um pouco mais pra lá do que pra cá, e a coisa toda deriva bem devagar e vai de um lado para outro, apesar do movimento browniano que fez. Assim, nosso computador vai calcular, desde que a gente aplique uma força de derivação pra puxar o avanço do cálculo. Embora não faça o cálculo de forma direta, ainda assim, calculando desse jeito, pra frente e pra trás, vai acabar terminando a tarefa. Como a partícula no gás, se puxarmos só um tiquinho, perdemos pouquíssima energia, mas leva um tempão para ir de uma ponta a outra. Se a gente ficar com pressa e puxar com força, vai perder muita energia. É a mesma coisa nesse computador. Se a gente tiver paciência e for devagar, o computador vai funcionar praticamente sem perda de energia, menos até que kT por passo, a menor quantidade possível, se a gente tiver tempo suficiente. Mas se a gente estiver com pressa, vai dissipar energia, e, mais uma vez, é verdade que a energia perdida para puxar o avanço do cálculo até o fim, multiplicada pelo tempo que se tem para terminar o cálculo, é constante.

Com essas possibilidades na cabeça, vamos ver até que ponto a gente consegue diminuir o nosso computador. Um número tem de ser de que tamanho? Todo mundo sabe que podemos escrever os números na base 2 como séries de "*bits*", que são um ou zero. E o átomo seguinte será um ou zero, e basta uma linhazinha de átomos para registrar um número, um átomo para cada *bit*. (Na verdade, como um átomo pode ter mais de dois estados, podemos usar até menos átomos, mas um por *bit* já é bem pequeno!) Assim, como diversão intelectual, vamos imaginar que dê para fazer um computador em que a escrita dos *bits* seja de tamanho atômico, e que, por exemplo, um *bit* seja 1 se o *spin* do átomo for para cima ou 0 se o *spin* for para baixo. E aí nosso "transístor", que muda os *bits* em lugares diferentes, corresponderia a alguma interação entre átomos que mudasse seu estado. O exemplo mais simples seria um tipo de interação de 3 átomos que fosse o elemento fundamental ou *porta* num computador desses. Mas aí o dispositivo não funcionaria direito se fosse projetado com as leis adequadas para objetos

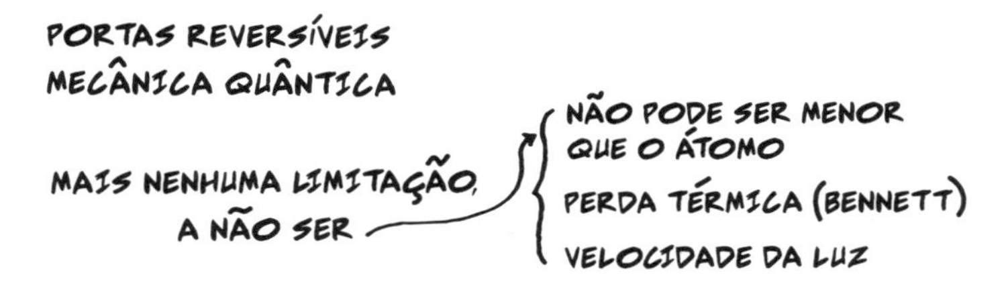

FIGURA 8

grandes. Temos de usar as novas leis da física, as leis da mecânica quântica, as leis adequadas do movimento atômico (Figura 8).

Portanto, temos de perguntar se os princípios da mecânica quântica permitem um arranjo de átomos de número tão pequeno quanto algumas vezes o número de portas de um computador que possa funcionar como computador. Estudaram isso em princípio, e encontraram um arranjo desses. Como as leis da mecânica quântica são reversíveis, temos de usar a invenção de Bennett e Fredkin das portas lógicas reversíveis. Quando se estuda essa situação da mecânica quântica, a gente descobre que ela não acrescenta mais limitações ao que o Sr. Bennett disse sobre considerações termodinâmicas. É claro que há uma limitação, pelo menos a limitação prática de que os *bits* têm de ser do tamanho de um átomo e o transístor, de três ou quatro átomos. A porta mecânica quântica que usei tem três átomos. (Eu nem tentaria escrever meus *bits* em núcleos, vou esperar até que o desenvolvimento tecnológico chegue aos átomos antes de avançar mais!) Isso nos deixa apenas com: (a) a limitação do tamanho ao tamanho dos átomos; (b) a necessidade de energia dependendo do tempo, como elaborado por Bennett; e (c) a característica que não mencionei sobre a velocidade da luz: não podemos mandar mensagens mais depressa do que a veloci-

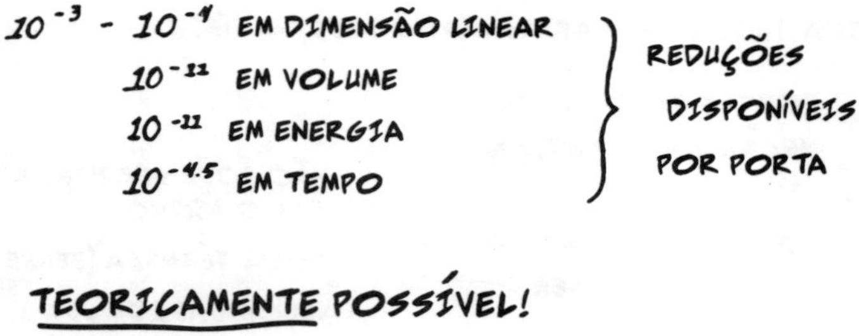

10^{-3} - 10^{-4} EM DIMENSÃO LINEAR
10^{-11} EM VOLUME
10^{-11} EM ENERGIA
$10^{-4.5}$ EM TEMPO

} REDUÇÕES DISPONÍVEIS POR PORTA

TEORICAMENTE POSSÍVEL!

FIGURA 9

dade da luz. Essas são as únicas limitações físicas que conheço nos computadores.

Se conseguirmos dar um jeito de fazer um computador de tamanho atômico, isso significaria (Figura 9) que a dimensão, a dimensão *linear*, será de mil a dez mil vezes menor do que aqueles chips minúsculos que temos agora. Isso significa que o volume do computador será de cem bilionésimos, ou 10^{-11}, do volume atual, porque o volume do "transístor" é menor do que os transístores que fazemos hoje por um fator de 10^{-11}. A necessidade de energia de um único interruptor também é cerca de onze ordens de magnitude menor do que a energia necessária para alterar o transístor hoje, e o tempo para as transições será pelo menos dez mil vezes menor a cada passo do cálculo. Portanto, há muito espaço para aperfeiçoar o computador, e deixo a vocês, pessoas práticas que trabalham com computadores, essa meta a alcançar. Subestimei o tempo que o Sr. Ezawa levaria para traduzir o que eu disse, e não tenho mais nada a dizer do que preparei para hoje. Obrigado! Vou responder às perguntas, se vocês quiserem.

Perguntas e respostas

P: O senhor mencionou que um *bit* de informação pode ser armazenado num átomo, e gostaria de saber se é possível armazenar a mesma quantidade de informação num quark.

R: É. Mas não temos controle sobre os quarks, e aí fica um jeito bem pouco prático de lidar com as coisas. Talvez você ache que o que estou falando é pouco prático, mas eu não acho. Quando falo de átomos, acredito que algum dia conseguiremos controlar e lidar com eles individualmente. Haveria tanta energia envolvida nas interações dos quarks que o seu manejo seria muito perigoso, por causa da radiatividade e tal. Mas a energia atômica de que estou falando é muito conhecida na energia química, na energia elétrica, e acho que esses números estão no terreno da realidade, por mais absurdo que pareça neste momento.

P: O senhor disse que quanto menor o elemento computacional, melhor. Mas acho que o equipamento tem de ser maior, porque...

R: Você quer dizer que o seu dedo é grande demais para apertar os botões? É isso que você quer dizer?

P: É, isso mesmo.

R: É claro que você tem razão. Estou falando de computadores internos, talvez para robôs ou outros aparelhos. A entrada e saída é uma coisa que não vou discutir, se a entrada vem de olhar figuras, ouvir vozes ou apertar botões. Estou discutindo como a computação é feita, em princípio, e não a forma que a saída vai ter. É claro que é verdade que na maioria dos casos não dá para reduzir a entrada e a saída de um jeito eficaz além das dimensões humanas. Já é difícil demais apertar os botões de alguns computadores com nossos dedos grandes. Mas com problemas complexos de computação que levam horas e horas, eles poderiam ser resolvidos bem depressa em máquinas pequeníssimas com baixo consumo de energia. É nesse tipo de máquina que eu estava pensando. Não aplicações simples de somar dois números, mas cálculos complexos.

P: Gostaria de saber seu método para transformar a informação de um elemento em escala atômica para outro elemento em escala atômica. Se o senhor usar uma interação natural ou mecânica quântica entre os dois elementos, então um dispositivo desses vai ficar muito próximo da própria Natureza. Por exemplo, se a gente fizer uma simulação de computador, uma simulação de Monte Carlo de um ímã para estudar fenômenos críticos, então o seu computador de escala atômica vai ser muito parecido com o próprio ímã. O que o senhor pensa disso?

R: É isso. Tudo o que fazemos é Natureza. A gente arruma de um jeito que atenda ao nosso propósito, que faça um cálculo com um propósito. Num ímã, há um tipo de relação, se quiser; há alguns tipos de computação funcionando, como no sistema solar, por assim dizer. Mas pode não ser o cálculo que queremos fazer naquela hora. O que a gente precisa é fazer um aparelho no qual a gente possa mudar os programas e deixar que ele calcule o problema que queremos resolver, não só o seu problema de ímã que ele queira resolver por conta própria. Não posso usar o sistema solar como computador, a menos que, por acaso, o problema que alguém me passou seja encontrar o movimento dos planetas, e nesse caso só preciso observar. Houve um artigo divertido, escrito como piada. Num futuro distante, o "artigo" parece discutir um novo método de fazer cálculos aerodinâmicos. Em vez de usar os computadores complexos da época, o autor inventa um aparelho simples para soprar ar na asa. (Ele reinventa o túnel de vento!)

P: Li recentemente no jornal que as operações do sistema nervoso no cérebro são muito mais lentas do que nos computadores atuais, e a unidade do sistema nervoso é muito menor. O senhor acha que os computadores de que o senhor falou aqui hoje têm algo em comum com o sistema nervoso do cérebro?

R: Há uma analogia entre o cérebro e o computador, porque parece que há elementos que podem mudar sob o controle de outros. Os impulsos nervosos controlam ou excitam outros nervos, de um jeito que costuma depender da entrada de mais de um impulso... algo como um AND ou sua generalização. Qual a quantidade de energia usada no neurônio do cérebro numa dessas transições? Não sei o número. Hoje, o tempo que um interruptor no cérebro leva para mudar já é muito maior do que nos nossos computadores, e não vou nem falar do negócio imaginário de um futuro computador atômico, mas o sistema de conexões do cérebro é muito mais complexo. Cada nervo está ligado a milhares de outros nervos, mas nós só ligamos os transístores a dois ou três outros.

Algumas pessoas olham a atividade do cérebro em ação e veem que, em muitos aspectos, ela supera o computador de hoje, e em muitos outros aspectos o computador nos supera. Isso inspira as pessoas a projetar máquinas que possam fazer mais. O que costuma acontecer é um engenheiro ter uma ideia de como o cérebro funciona (na opinião dele) e aí projetar uma máquina que funcione daquele jeito. Essa nova máquina pode mesmo funcionar muito bem. Mas tenho de alertar que ela não nos diz nada sobre o jeito como o cérebro realmente funciona, nem é necessário saber disso para fazer um computador muito capaz. Não é necessário entender como as aves batem as asas e como são projetadas as penas para fazer uma máquina voadora. Não é necessário entender o sistema de alavanca das patas do guepardo, um animal que corre depressa, para fazer um automóvel com rodas que girem muito depressa. Portanto, não é necessário imitar os detalhes do comportamento da Natureza para projetar um aparelho que, em muitos aspectos, possa superar a capacidade da Natureza. É um tema interessante e gosto de falar sobre isso.

Nosso cérebro é muito fraco comparado a um computador. Vou lhe dar uma série de números: um, três, sete... Ou melhor, ichi, san, shichi, san, ni, go, ni, go, ichi, hachi, ichi, ni, ku, san, go. Agora quero que você repita. O computador pode pegar dezenas de milhares de números e me devolver na ordem inversa, ou somar todos eles, ou fazer um monte de coisas que não conseguimos. Por outro lado, se eu olhar um rosto, uma olhadinha só, posso lhe dizer quem é se eu conhecer a pessoa, ou dizer que não conheço a pessoa. Ainda não sabemos fazer um sistema de computador que, se lhe dermos o padrão de um rosto, ele possa nos dar essa informação, mesmo que tenha visto muitos rostos e que a gente tenha tentado lhe ensinar.

Outro exemplo interessante são as máquinas que jogam xadrez. É muito surpreendente que a gente possa fazer máquinas que jogam xadrez melhor que quase todo mundo que está aqui. Mas elas fazem isso tentando muitíssimas possibilidades. Se ele vier pra cá, então posso ir pra lá, e ele pode ir pra ali, e assim por diante. Eles examinam cada alternativa e escolhem a melhor. Os computadores examinam milhões de alternativas, mas um mestre enxadrista, um ser humano, faz isso de um jeito diferente. Ele reconhece padrões. Ele olha apenas trinta ou quarenta posições antes de decidir sua jogada. Portanto, embora as regras sejam simples no Go, as máquinas que jogam Go não são muito boas, porque em cada posição há possibilidades demais de movimento e há coisas demais para verificar, e as máquinas não conseguem examinar profundamente. Assim, o problema de reconhecer padrões e o que fazer nessas circunstâncias é o que os engenheiros computacionais (eles gostam de se dizer cientistas computacionais) ainda acham muito difícil. Não há dúvida de que é uma das coisas importantes para os computadores do futuro, talvez mais importante do que as coisas que falei. Fazer uma máquina que jogue Go direito!

P: Acho que qualquer método de computação só será frutífero se houver um tipo de provisão para compor esses dispositivos ou programas. Achei muito instigante o artigo de Fredkin sobre lógica conservadora, mas quando comecei a pensar em fazer um programa simples usando esses dispositivos tive de parar, porque imaginar um programa desses é muito mais complexo do que o programa propriamente dito. Acho que seria fácil cairmos num tipo de regressão infinita, porque o processo de elaborar um determinado programa seria mais complexo do que o programa em si, e se a gente tentasse automatizar o processo, o programa de automação seria muito mais complexo e assim por diante, principalmente nesse caso em que o programa é embutido no hardware em vez de ser separado como um software. Acho fundamental pensar nas formas de composição.

R: Temos experiências diferentes. Não há regressão infinita: ela para num determinado nível de complexidade. Em última análise, a máquina de que Fredkin está falando e aquela de que eu estava falando no caso da mecânica quântica são ambas computadores universais, no sentido de que podem ser programados para cumprir várias tarefas. Não é um programa pré-gravado no hardware. São tão pré-programados quanto um computador comum que a gente pode carregar de informações. O programa é uma parte da entrada, e a máquina resolve o problema que lhe foi designado. É pré-programado mas é universal, como um computador comum. Essas coisas são muito incertas, mas achei um algoritmo. Se a gente tiver um programa escrito para uma máquina irreversível, um programa comum, então consigo converter para um programa de máquina reversível com um esquema de tradução direta, que é muito ineficiente e usa muito mais passos. Só que, em situações reais, o número de passos pode ser muito menor. Mas pelo menos eu sei que posso pegar um programa com $2n$ passos quando é irreversível e converter em $3n$ passos numa máquina reversível. São muito mais passos. Fiz de um jeito muito ineficiente porque não tentei descobrir o mínimo, só queria um jeito de fazer. Não acho que encontraremos essa regressão que você fala, mas talvez você tenha razão. Não tenho certeza.

P: Não sacrificaríamos muitos méritos que esperamos desses aparelhos porque essas máquinas reversíveis funcionam tão devagar? Fico muito pessimista com essa questão.

R: Elas funcionam mais devagar, mas são muito menores. Não precisam ser reversíveis se não for necessário. Não faz sentido tornar a máquina reversível, a não ser que a gente queira muito reduzir a energia enormemente, de um jeito quase ridículo, porque com apenas 80 vezes kT a máquina irreversível funciona perfeitamente. Esse 80 é muito menos que os atuais 10^9 ou 10^{10} kT, portanto ainda consigo pelo menos uma melhoria de 10^7 de energia, e consigo isso com máquinas irreversíveis! É verdade. Esse é o caminho certo, por enquanto. Eu me entretenho intelectualmente, por diversão, perguntando até onde a gente consegue ir em princípio, não na prática, e aí descubro que posso chegar a uma fração de kT de energia e tornar as máquinas microscópicas, atomicamente microscópicas. Mas, para isso, tenho de usar as leis da física reversível. A irreversibilidade acontece porque o calor se espalha por um grande número de átomos e não pode ser reunido de novo. Quando torno a máquina muito pequena, a não ser que eu permita um elemento resfriador que tenha montes de átomos, é preciso trabalhar de forma reversível. Na prática, provavelmente nunca haverá um tempo em que a gente não vá querer amarrar um computadorzinho a um pedação de chumbo com 10^{10} átomos (que ainda é bem pequenininho) para que seja efetivamente irreversível. Portanto, concordo com você que, na prática, por muito tempo e talvez para sempre, a gente ainda vá usar portas irreversíveis. Por outro lado, faz parte da aventura da ciência tentar encontrar um limite em todas as direções e forçar a imaginação humana até onde for possível por toda parte. Embora a cada estágio pareça que essa atividade é absurda e inútil, é comum que, pelo menos, não seja inútil.

P: Há alguma limitação ao princípio da incerteza? Há alguma limitação fundamental à energia e ao tempo do relógio em seu esquema da máquina reversível?

R: Essa exatamente é a minha questão. Não há outras limitações devidas à mecânica quântica. É preciso distinguir com cuidado a energia perdida ou consumida de forma irreversível, o calor gerado pelo funcionamento da máquina e a quantidade de energia das partes em movimento que pode ser extraída novamente. Há uma relação entre o tempo e a energia que pode ser extraída novamente. Mas essa energia que pode ser extraída novamente não tem nenhuma importância, não gera preocupação. Seria como perguntar se deveríamos somar o mc^2, a energia residual, de todos os átomos que estão no aparelho. Só falo da energia perdida vezes o tempo, e então não há limitação. No entanto, é verdade que, se a gente quiser fazer um cálculo numa determinada velocidade altíssima, será preciso que a máquina tenha partes que se movam depressa e tenham energia, mas essa energia não se perde necessariamente a cada passo do cálculo; ela vai na banguela da inércia.

R (a nenhuma *P*): Eu poderia dizer, com relação à questão das ideias inúteis, eu gostaria de dizer mais uma coisa. Esperei que você perguntasse, mas você não perguntou. Então vou responder assim mesmo. Como faríamos uma máquina de dimensão tão pequena que tivéssemos de pôr os átomos em lugares específicos? Hoje não temos maquinário com partes móveis cuja dimensão seja extremamente pequena, na escala dos átomos nem de centenas de átomos, mas também não há limitação física nessa direção. Não há razão, nem mesmo hoje, quando criamos as camadas de silício, para que as peças não sejam formadas em ilhotas para que sejam móveis. Podemos até arranjar jatinhos para jogar substâncias diferentes em determinados locais. Podemos fazer máquinas extremamente pequenas. Vai ser fácil controlar essas máquinas com o mesmo tipo de circuito de computador que fazemos. Em última análise, novamente por diversão e prazer intelectual, podemos imaginar máquinas bem pequenas, alguns mícrons de largura, com rodinhas e cabos todos interligados por fios, ligações de silício, para que a coisa seja um todo, um aparelho bem grande, que se move não com a falta de jeito das nossas máquinas rígidas atuais, mas do jeito suave do pescoço de um cisne, que, afinal de contas, é um monte de máquinas miúdas, as células todas interligadas e controladas de um jeito suave. Por que não podemos nós mesmos fazer isso?

3. Los Alamos visto de baixo

E agora um textinho mais leve: pérolas sobre Feynman, o contador de piadas, o arrombador de cofres, que se mete em encrencas e se livra delas em Los Alamos: como conseguiu um quarto particular ao quebrar, aparentemente, a regra que impedia mulheres no dormitório masculino; como venceu os censores do alojamento; como conviveu com grandes homens como Robert Oppenheimer, Niels Bohr e Hans Bethe; e a distinção extraordinária de ser o único homem a fitar diretamente a primeira explosão atômica sem óculos de proteção, experiência que mudou Feynman para sempre.

A lisonjeira apresentação do professor Hirschfelder é muito inadequada para minha palestra, que é "Los Alamos visto de baixo". Com "visto de baixo" quero dizer que, embora em meu campo, no momento atual, eu seja um pouquinho famoso, na época eu não tinha fama nenhuma. Nem tinha diploma quando comecei a trabalhar nas minhas coisas ligadas ao Projeto Manhattan[1]. Muita

---

1 Nome dado ao projeto gigantesco de construir a primeira bomba atômica, que começou em 1942 e culminou com o bombardeio de Hiroshima e Nagasaki,

gente que vai falar sobre Los Alamos conhecia alguém num escalão mais alto da organização governamental ou coisa assim, gente que se preocupava com alguma grande decisão. Eu não me preocupava com nenhuma grande decisão. Eu vivia esvoaçando por aí, debaixo de algum lugar. Eu não era o embaixo *absoluto*. Na verdade, até que subi alguns degraus, mas não era um dos que estavam lá no alto. Portanto, quero que vocês se ponham numa condição diferente do que disse a apresentação e só imaginem esse jovem aluno de pós-graduação que ainda não tirou seu diploma, que está fazendo a tese, começar dizendo como entrei no projeto e depois o que me aconteceu. É só isso, só o que me aconteceu durante o projeto.

Certo dia eu estava trabalhando em minha sala[2] quando Bob Wilson[3] entrou. Eu estava trabalhando... [RISOS] Ora bolas, eu não disse nada engraçado, por que vocês estão rindo? Bom, Bob Wilson entrou e disse que recebera financiamento para fazer um serviço que era segredo e que ele não deveria contar a ninguém, mas que ia me contar porque sabia que, assim que eu soubesse o que ele ia fazer, eu veria que tinha de ir junto. E ele me falou do problema de separar diferentes isótopos de urânio. Em última análise, ele tinha de fazer uma bomba, um processo para separar os isótopos de urânio, diferente daquele que acabou sendo usado, e que ele queria tentar desenvolver. Ele me contou isso e disse que haveria uma reunião... Eu disse que não queria. Ele disse: tudo bem, tem uma reunião às três, vejo você lá. Eu disse: tudo bem que você tenha

---

respectivamente em 6 e 9 de agosto de 1945. O projeto se espalhava pelos Estados Unidos, com unidades, por exemplo, na Universidade de Chicago; em Hanford, no estado de Washington; em Oak Ridge, no estado do Tennessee; e em Los Alamos, no Novo México, onde as bombas foram construídas e que, em essência, era a sede do projeto como um todo.

2 Na Princeton University.

3 Robert R. Wilson (1914-2000), primeiro diretor do Fermi National Accelerator Laboratory (Laboratório Acelerador Nacional Fermi), de 1967 a 1978.

me contado o segredo porque não vou contar a ninguém, mas não vou. E voltei a trabalhar em minha tese por uns três minutos. Aí comecei a andar de um lado para o outro e pensar naquilo. Os alemães tinham Hitler e a possibilidade de desenvolver uma bomba atômica era óbvia, e a possibilidade de desenvolverem a bomba antes de nós era muito apavorante. Então, decidi ir à reunião das três horas. Às quatro eu já tinha uma escrivaninha numa sala e tentava calcular se aquele método específico era limitado pela corrente total que se pode pôr num feixe de íons e coisa e tal. Não vou entrar em detalhes. Mas eu tinha uma escrivaninha, tinha papel, e estava trabalhando o máximo possível, o mais depressa possível. Os sujeitos que estavam construindo a aparelhagem planejavam fazer o experimento lá mesmo. E era como aqueles filmes em que a gente vê um equipamento fazer bruuuup, bruuuup, bruuuup. Toda vez que eu levantava os olhos, a coisa ficava maior. E é claro que o que estava acontecendo era que todos os rapazes tinham decidido trabalhar naquilo e parar sua pesquisa científica. Toda a ciência parou durante a guerra, com exceção do pouquinho que era feito em Los Alamos. Não era muita ciência; era muita engenharia. E eles estavam roubando o equipamento da pesquisa, e todo o equipamento de diversas pesquisas estava sendo reunido para fazer a nova aparelhagem do experimento, para tentar separar os isótopos de urânio. Também parei meu trabalho pela mesma razão. É verdade que, depois de algum tempo, tirei seis semanas de férias daquele serviço e terminei de escrever minha tese. Então consegui meu diploma pouco antes de ir para Los Alamos, portanto eu não estava tão embaixo quanto fiz vocês acreditarem.

Uma das primeiras experiências que, para mim, era muito interessante nesse projeto em Princeton foi conhecer grandes homens. Nunca encontrara tantos grandes homens na vida. Mas havia um comitê de avaliação que tinha de decidir para onde iríamos e tentar nos ajudar pelo caminho, e, em última análise, nos ajudar a decidir que caminho seguiríamos para separar o urânio. Esse comitê de avaliação tinha homens como Tolman, Smyth, Urey, Rabi, Oppenheimer e coisa e tal. E havia Compton[4], por exemplo. Uma das coisas que vi foi um choque horrível. Eu ficava lá sentado porque entendia a teoria do processo do que a gente estava fazendo, e eles me faziam perguntas e depois a gente discutia. Aí um homem levantava uma questão, então Compton, por exemplo, explicava um ponto de vista diferente, e ele estava perfeitamente certo, era a ideia certa, e ele dizia que tinha de ser *desse* jeito. Outro sujeito dizia, ora, talvez, há essa possibilidade contrária que temos de levar em conta. Há outra possibilidade que temos de considerar. Eu ficava pulando! Ele, Compton, tinha de dizer de novo, ele tinha de dizer de novo! E aí todo mundo discordava, dava a volta inteira na mesa. Então, finalmente, no final, Tolman, que é o presidente, diz: bom, depois de ouvir todos esses argumentos, acho que é verdade que o argumento de Compton é o melhor de todos, e agora temos de avançar. E foi um choque para mim ver que um comitê de homens podia apresentar um monte de ideias, cada um pensando numa faceta nova e lembrando o que o outro sujeito disse, porque prestou atenção, e aí no fim eles decidem qual era a ideia melhor, resumindo tudo, sem ter de dizer três vezes, entendem? E isso foi um choque, aqueles eram mesmo grandes homens.

No final decidiram que esse projeto não ia ser sobre o jeito que usariam para separar o urânio. Disseram, então, que a gente ia parar e recomeçar em Los Alamos, no Novo México, que o projeto na verdade faria a bomba, e que todos iríamos para lá fazer isso. Haveria experimentos que teríamos de fazer, e trabalho teórico. Eu estava no trabalho teórico; todos os outros estavam no trabalho

4 Arthur Compton (1892-1962), físico americano que, com Charles Thomson Rees Wilson, ganhou o Prêmio Nobel de Física de 1927 pela descoberta do "efeito Compton" de diminuição da energia do fóton ao interagir com a matéria. [N.T.]

experimental. A questão então foi o que fazer, porque tínhamos um hiato entre a hora que nos mandaram parar e Los Alamos ainda não estava pronto. Bob Wilson tentou aproveitar seu tempo me mandando para Chicago para descobrir tudo o que fosse possível sobre a bomba e os problemas, para podermos começar a acumular o equipamento dos laboratórios, contadores de vários tipos e coisa e tal que fosse útil quando chegássemos a Los Alamos. Então nenhum tempo foi desperdiçado. Fui para Chicago com instruções de ir até cada grupo, dizer que eu ia trabalhar com eles, fazer com que me falassem do problema até que eu conhecesse detalhes suficientes para poder realmente me sentar e começar a trabalhar, e assim que eu chegasse até aí, teria de ir a outra pessoa e pedir um problema, e assim eu entenderia os detalhes de tudo. Foi uma ideia muito boa, embora minha consciência me incomodasse um pouco. Mas, por acaso (tive muita sorte), aconteceu que, enquanto um dos caras explicava um problema, eu disse: por que você não faz desse jeito? E em meia hora ele resolveu, e eles estavam trabalhando naquilo havia uns três meses. Então eu fiz alguma coisa! Quando voltei de Chicago, descrevi a situação – quanta energia era liberada, como seria a bomba e tal – para esses caras. Lembro que Paul Olum, matemático amigo meu que trabalhava comigo, veio depois me dizer: "Quando fizerem um filme sobre isso, vão pôr o cara que veio de Chicago dizendo aos caras de Princeton tudo sobre a bomba, e ele vai estar de terno, com uma pasta e tal... e você está em mangas sujas de camisa e fica aí falando tudo isso." Mas assim mesmo é uma coisa seriíssima, e ele avaliava a diferença entre o mundo real e o mundo dos filmes.

Bom, parecia que ainda ia atrasar, e Wilson foi a Los Alamos descobrir o que estava segurando as coisas e como eles estavam avançando. Quando chegou lá, ele descobriu que a construtora estava trabalhando muito e terminara o auditório e alguns outros prédios porque entendiam como fazer, mas não tinham recebido instruções claras para construir os laboratórios – quantos canos de gás, quantos de água –, e ele simplesmente ficou ali e decidiu quanta água, quanto gás e coisa e tal, e disse a eles que começassem a construir os laboratórios. Ele voltou para nós – todos nós estávamos prontos para partir, entende – e Oppenheimer tinha alguma dificuldade para discutir alguns problemas com Groves[5], e a gente estava ficando impaciente. Até onde entendo, da posição onde eu estava, Wilson telefonou para Manley[6], em Chicago, e todos eles se reuniram e decidiram que iríamos de qualquer jeito, mesmo que não estivesse pronto. E fomos todos para Los Alamos antes que ficasse pronto. Aliás, fomos contratados por Oppenheimer e outras pessoas, e ele tinha muita paciência com todo mundo; ele prestava atenção aos problemas de todo mundo. Ele se preocupava com minha mulher, que estava com tuberculose, se haveria um hospital por lá e tudo o mais, foi a primeira vez que o conheci de um jeito tão pessoal, e ele era um homem maravilhoso. Por exemplo, nos disseram outras coisas, para tomar cuidado, para não comprar a passagem de trem em Princeton, porque Princeton era uma estaçãozinha de trem bem pequena e se todo mundo comprasse passagem de trem para Albuquerque, no Novo México, isso levantaria suspeitas. E assim todo mundo comprou suas passagens em outros lugares, menos eu, porque imaginei que, se todo mundo tinha comprado as passagens em outro lugar... Aí, quando fui à estação e disse que queria uma passagem para Albuquerque, no Novo México, o cara disse: ah! então tudo aquilo é *para você*! Todo mundo passara semanas despachando caixotes cheios de contadores, achando que ninguém ia notar que

5 General de brigada Leslie Groves (1896-1970), principal comandante militar do Projeto Manhattan. [N.T.]

6 John Henry Manley (1907-1990), físico americano que foi líder de grupo no Projeto Manhattan. [N.T.]

o endereço era Albuquerque. Então pelo menos expliquei por que estávamos remetendo caixotes: eu ia para Albuquerque.

Bom, quando chegamos lá estávamos adiantados, e as casas, dormitórios e coisas assim não estavam prontos. Na verdade, os laboratórios não estavam prontos. A gente estava forçando a barra, apressando eles por ter vindo antes do tempo. Eles ficaram malucos no outro lado, e alugaram casas de fazenda em todos os arredores. E ficamos primeiro numa casa dessas, e íamos de carro pela manhã. A primeira manhã que fui trabalhar foi tremendamente impressionante; a beleza da paisagem, para alguém do leste do país que não viajava muito, era sensacional. Há os grandes penhascos; provavelmente vocês já viram fotos, não vou entrar em detalhes. Essas coisas ficavam no alto de um platô, e a gente vinha de baixo e via aqueles grandes penhascos e ficava muito surpreso. Para mim, o mais impressionante foi que, quando estava subindo, eu disse que talvez houvesse índios ainda vivendo ali, e o sujeito que dirigia o carro só parou; ele parou o carro e deu a volta e havia cavernas indígenas que a gente poderia inspecionar. Então foi mesmo muito empolgante nesse aspecto.

Quando cheguei ao lugar pela primeira vez, vi o portão; dava pra perceber que era uma área técnica que teria uma cerca em volta depois, mas, como ainda estavam construindo, ainda estava aberta. Ali deveria haver uma cidade, e depois uma cerca *grande* mais além, em torno da cidade; meu amigo Paul Olum, que era meu assistente, em pé com uma prancheta, conferia os caminhões que entravam e saíam e dizia para onde tinham de ir para entregar o material nos diversos lugares. Quando entrei no laboratório, conheci homens de quem ouvira falar, por ver seus artigos na *Physical Review* e coisa e tal. Nunca tinha me encontrado com eles. Este é John Williams, diziam. Vem um sujeito que se levanta de uma mesa coberta de plantas, as mangas arregaçadas até em cima, e ele está ali junto da janela de um dos prédios mandando caminhões e coisas irem para várias direções para construir tudo. Em outras palavras, assumimos a construtora e terminamos o serviço. Os físicos, no começo principalmente os físicos experimentais, não tinham o que fazer antes que os prédios ficassem prontos, a aparelhagem ficasse pronta, então eles simplesmente construíram os prédios, ou ajudaram a construir os prédios. Os físicos teóricos, por outro lado, eles decidiram que não morariam nas casas de fazenda, que morariam na obra porque já podiam começar a trabalhar. Então começamos a trabalhar imediatamente, quer dizer, cada um de nós pegava um quadro-negro com rodinhas, sabe, com rodinhas para a gente levar de um lado para o outro, e a gente levava e Serber nos explicava tudo o que tinham pensado em Berkeley sobre a bomba atômica, física nuclear e tudo o mais, e eu não sabia muito sobre isso. Eu tinha feito outro tipo de coisa e tinha muitíssimo trabalho a fazer. Todo dia eu estudava e lia, estudava e lia, e foi uma época muito caótica. Tive sorte. Todo o pessoal importante teve algum tipo de acidente, todo mundo menos Hans Bethe, e parecia que todo mundo foi embora ao mesmo tempo; como Weisskopf, que teve de voltar para consertar alguma coisa no MIT [Massachusetts Institute of Technology, ou Instituto de Tecnologia de Massachusetts], e Teller também tinha viajado, num certo momento, e Bethe precisava de alguém com quem conversar, para contrapor suas ideias. Bom, aí ele veio até este respingo aqui numa sala e começou a argumentar, a explicar sua ideia. Eu dizia, "Não, você está maluco, vai acontecer assim". E ele dizia: "Um minutinho", e explicava que não estava maluco, que eu é que estava maluco, e a gente continuava desse jeito. Acontece que, embora eu, quando falam de física, só pense em física e não sei com quem estou conversando, dizendo as coisas mais imbecis, do tipo "não, não, você está errado" ou "você está maluco"; acontece que era exatamente disso que ele precisava. E aí ganhei um ponto por causa disso, e acabei sendo líder de grupo com quatro caras abaixo de mim, que estava abaixo de Bethe.

Tive muitas experiências interessantes com Bethe. Na primeira vez que ele veio, a gente tinha uma máquina de calcular, uma Marchant que a gente fazia funcionar com as mãos, e ele disse: "Vamos ver a pressão..." A fórmula em que ele estava trabalhando envolve o quadrado da pressão: "a pressão é 48; o quadrado de 48 é..." Estendo a mão para a máquina; ele diz que é uns 2.300. Então eu teclo os números só para descobrir. Ele diz: "Quer saber exatamente? É 2.304." E deu mesmo 2.304. Aí eu pergunto: "Como é que você faz isso?" E ele explica: "Você não sabe encontrar o quadrado de números perto de 50? Se for perto de 50, digamos, 3 a menos, então é 3 a menos de 25, como 47 ao quadrado começa com 22. E o que falta é o quadrado do resto. Por exemplo, com seus 3 a menos você tem 9: 2.209 é 47 ao quadrado. Muito legal, né?" Aí a gente foi e foi (ele era ótimo em aritmética) e alguns minutos depois a gente tinha de extrair a raiz cúbica de 22. Agora, para calcular raízes cúbicas havia uma tabelinha pra gente usar, que tinha uns números para experimentar na máquina que a Marchant Company tinha nos dado. Aí (isso levou um pouco mais de tempo pra ele, entende) abri a gaveta, peguei a tabela e ele diz: "1,35". E imaginei que havia algum jeito de extrair raízes cúbicas de números perto de 21, mas não. Perguntei: "Como é que você faz isso?" E ele diz: "Bom", disse ele, "olha só, o logaritmo de 2,5 é tal e tal; a gente divide por 3 para chegar à raiz cúbica de tal e tal. Agora, o log de 1,3 é esse, o log de 1,4 é [...] e eu interpolo entre os dois." Eu não conseguia dividir nada por três, quem diria isso [...] E ele sabia toda essa aritmética, e era muito bom nisso, e foi um desafio pra mim. Continuei treinando. A gente fazia um concursinho: toda vez que tínhamos de calcular alguma coisa, a gente corria para encontrar a resposta, ele e eu, e eu ganhava; depois de vários anos, comecei a conseguir fazer isso, sabe, acertava uma vez, talvez uma em cada quatro. É claro que a gente nota coisas engraçadas nos números, como quando a gente multiplica 174 por 140, por exemplo. A gente nota que 173 por 141, igual à raiz quadrada de 3 vezes a raiz quadrada de 2, que é a raiz quadrada de 6, é 245. Mas é preciso notar os números, sabe, e cada pessoa vai notar de um jeito diferente. A gente se divertia muito.

Bom, quando cheguei lá, como já falei, a gente não tinha os dormitórios, e os físicos teóricos tinham de ficar na obra. O primeiro lugar onde nos puseram foi no prédio da antiga escola, do internato masculino que havia lá antes. O primeiro lugar onde fiquei era uma coisa chamada loja maçônica; ficamos todos ali amontoados, em beliches e tal. Acontece que não era muito bem organizado, e Bob Christie e a mulher dele tinham de ir ao banheiro de manhã passando pelo nosso quarto. Era muito desconfortável.

Depois nos mudamos para uma coisa chamada Casa Grande, que tinha uma varanda em toda a volta do segundo andar, onde todas as camas tinham sido postas uma ao lado da outra, ao longo da parede inteira. E no andar de baixo havia um gráfico grandão dizendo qual era o número da sua cama e em que banheiro trocar de roupa. E debaixo do meu nome tinha "Banheiro C", sem nenhum número de cama! Em consequência disso, fiquei bastante irritado. Finalmente o dormitório ficou pronto. Vou até o lugar do dormitório para ver qual é o quarto e me dizem que agora posso escolher meu quarto. Tentei escolher; sabem o que fiz? Olhei pra ver onde ficava o dormitório das moças e escolhi um de onde a gente pudesse olhar. Mais tarde descobri que uma grande árvore estava crescendo bem na frente. Mas, seja como for, escolhi aquele quarto. Eles disseram que temporariamente haveria duas pessoas no quarto, mas que seria só temporário. Dois quartos dividiam um banheiro. Tinha beliches de dois andares lá, e eu não queria duas pessoas no quarto. Quando cheguei lá, na primeira noite, não havia ninguém. Mas a minha mulher estava doente com tuberculose em Albuquerque, e eu estava com algumas caixas dela. Aí abri uma caixa e peguei uma camisolinha e só a joguei assim, sem cuidado. Abri a cama de cima e joguei a camisolinha de qualquer jeito na cama de cima. Tirei os chinelos; joguei um pouco de pó de arroz no chão do banheiro. Era só pra parecer que tinha outra pessoa lá. OK? Então, se a outra cama estivesse ocupada, ninguém ia dormir ali. OK? E o que aconteceu? Porque era um dormitório masculino. Bom, cheguei em casa naquela noite e meu pijama está dobrado direitinho debaixo do travesseiro, e o chinelo arrumadinho debaixo da cama. A camisola de senhora dobradinha debaixo do travesseiro, a cama toda esticadinha e bem feita, os chinelos arrumadinhos. Limparam o pó de arroz do banheiro e *ninguém* está dormindo na cama de cima. Ainda estou com o quarto só para mim. Então, na noite seguinte, a mesma coisa. Quando acordo, bagunço a cama de cima, jogo a camisola, o pó de arroz no banheiro etc., e fiz assim durante quatro noites até tudo se acalmar. Todo mundo se acomodou e não havia mais perigo de colocarem uma segunda pessoa no quarto. Toda noite, tudo estava muito bem arrumado, tudo certo, muito embora fosse um dormitório masculino. E foi o que aconteceu naquela situação.

Eu me envolvi um pouquinho na política porque havia uma coisa chamada Conselho da Cidade – um tipo de câmara municipal. Parece que havia certas coisas que o pessoal do exército decidiria sobre o modo como a cidade deveria ser governada, com a ajuda de algum conselho diretor lá de cima que eu nunca soube direito qual era. Mas havia muita empolgação, como em qualquer coisa política. Especificamente, havia facções: a facção das donas de casa, a facção dos mecânicos, a facção do pessoal técnico etc. e tal. Bom, os solteiros e as solteiras, o pessoal que morava no dormitório, achava que precisava de uma facção porque tinham promulgado uma nova regra: nada de mulheres no dormitório masculino, por exemplo. Ora, isso é absolutamente ridículo. Todo mundo adulto, é claro (ha, ha). Que bobagem era aquela? E aí precisávamos de ação política. E decidimos e discutimos e coisa e tal; vocês sabem como é. E assim fui eleito para representar o pessoal do dormitório, sabe, no Conselho da Cidade.

Depois de passar um ano e pouco, um ano e meio no Conselho, fui conversar sobre alguma coisa com Hans Bethe. Ele estava lá no conselho governante durante todo esse tempo. E lhe contei essa história, que tinha feito esse truque certa vez com as coisas de minha mulher na cama de cima, e ele começa a rir. Ele diz: "Ah, então foi assim que você acabou no Conselho da Cidade." Porque, no fim das contas, o que aconteceu foi o seguinte: houve um relatório, um relatório seriíssimo. A pobre mulher tremia, a faxineira que limpa os quartos do dormitório acabara de abrir a porta e de repente, encrenca: alguém está dormindo com um dos rapazes! Trêmula, ela não sabe o que fazer. Faz um relatório, a faxineira entrega o relatório à chefe das faxineiras, a chefe das faxineiras leva o relatório ao tenente, o tenente ao major, e vai subindo, e vai subindo até os generais e o conselho diretor; o que fazer? Eles vão pensar no caso! Enquanto isso, que instrução desce, desce, pelos capitães, pelos majores, pelos tenentes, pela chefe das faxineiras, pela faxineira? "Ponha tudo de volta no lugar, limpe tudo", e veremos o que acontece. OK? No dia seguinte, relatório – mesma coisa, brump, bruuuuump, bruuuump. Enquanto isso, durante quatro dias, eles se preocuparam lá em cima com o que iriam fazer. E finalmente baixaram uma regra. "Nada de mulheres no dormitório masculino!" E isso causou uma *fedentina* e tanto por lá. Entende, aí eles precisaram de toda aquela política e elegeram alguém como representante. [...]

Agora quero lhes falar da censura que havia. Eles decidiram fazer uma coisa totalmente ilegal, que era censurar a correspondência de pessoas dentro dos Estados Unidos, dos Estados Unidos continentais, e não tinham o direito de fazer isso. Então tinham de fazer as coisas com muita delicadeza, como se fosse algo voluntário. Todos nos voluntariávamos a não colar os envelopes em que a gente mandava as cartas. Aceitávamos, tudo bem, que eles abrissem as cartas que viessem para nós; isso foi voluntariamente aceito. A gente deixaria abertas as cartas enviadas; eles fechariam se estivesse tudo bem. Se na opinião deles não estivesse tudo bem, em outras palavras, se achassem alguma coisa que a gente não deveria mandar para fora, eles nos devolveriam a carta com um bilhete dizendo que havia uma violação de tal e tal parágrafo de nosso "entendimento" e coisa e tal. Então, com muita delicadeza, com todos aqueles cientistas de cabeça liberal concordando com uma proposta dessas, finalmente estabelecemos a censura. Com muitas regras, como a que a gente podia comentar o caráter do governo se a gente quisesse, e podia escrever a nosso senador para lhe dizer que não estava gostando do jeito como as coisas iam e coisas assim. Então foi tudo combinado, e eles disseram que nos avisariam caso houvesse alguma dificuldade.

Aí o dia começa, o primeiro dia da censura. Telefone! Triiimm! Eu: "Alô!" "Por favor, desça aqui." Eu desço. "O que é isso?" É uma carta de meu pai. "E o que é isso?" É papel pautado, e há essas linhas com pontos: quatro pontos embaixo, um ponto em cima, dois embaixo, um em cima, ponto debaixo de ponto. "O que é isso?" Respondo: "É um código." Eles dizem: "Claro, é um código, mas o que quer dizer?" Respondo: "Não sei o que quer dizer." Eles dizem: "Tudo bem, qual é a chave do código? Como se decifra?" Respondi: "Pois é, não sei." Então eles disseram: "O que é isso?" Respondi: "É uma carta da minha mulher." "Ela diz TJXYWZ TW1X3. O que é isso?" Respondi: "Outro código." "Qual é a chave?" "Não sei." Eles disseram: "Você está recebendo códigos e não conhece a chave?" "Exatamente", respondi. "É um jogo. Eu faço o desafio de me mandarem um código que eu não consiga decifrar, entende? Então eles inventam códigos e não vão me dizer qual é a chave, e eles me mandam." Agora, uma das regras da censura era que eles não iam perturbar nada que a gente costumasse fazer na correspondência. Então eles disseram: "Bom, então, por favor, peça a eles que mandem a chave junto com a mensagem codificada." Eu respondi: "Não quero ver a chave!" Eles disseram: "Então está bem, a gente tira a chave." E ficou tudo combinado. OK? Tudo bem. No dia seguinte, recebo uma carta de minha mulher que diz: "É muito difícil escrever, porque sinto que ----- está olhando por cima do meu ombro." E naquele lugar há uma mancha bem apagada com borracha de caneta. Então desci até o escritório deles e disse: "Vocês não deveriam tocar a correspondência que chega se não gostarem dela. Vocês podem até me falar, mas não podem mexer nela. Olhem só isso. Vocês não deviam tirar nada." Eles disseram: "Não seja ridículo, você acha que é assim que os censores trabalham, com borracha de caneta? Eles cortam com tesoura." Eu disse que tudo bem. Então escrevi uma carta à minha mulher e perguntei: "Você usou borracha de caneta na sua carta?" E ela responde: "Não, não usei borracha de caneta na minha carta, deve ter sido o...." e há um buraco cortado. Então voltei ao encarregado, o major que deveria ser responsável por tudo isso, e me queixei. Isso aconteceu durante alguns dias. Eu achava que eu era meio que um representante para endireitar as coisas. Ele tentou me explicar que essas pessoas, os censores, tinham aprendido como fazer, mas que não entendiam esse novo jeito, que tinham de ser mais delicados. Eu estava tentando ser a linha de frente, o que tinha mais experiência. Eu escrevia à minha mulher todo dia, de qualquer jeito. E ele disse: "Qual é o problema, você não acha que tenho boa-fé, que tenho boa vontade?" E respondo: "Claro que você tem boa vontade, perfeitamente, mas acho que você não tem poder. Porque, sabe, isso vem acontecendo há três ou quatro dias." Ele disse: "Vamos cuidar disso!" Ele pega o telefone [...] e tudo se endireitou. Não houve mais cartas cortadas.

Mas houve algumas dificuldades que surgiram. Por exemplo, um dia recebi uma carta da minha mulher e um bilhete do censor dizendo que havia um código incluído sem a chave, e que tinham removido. E quando fui visitar minha mulher em Albuquerque naquele dia, ela me pergunta: "Ué, cadê as coisas?" "Que coisas?", pergunto. Ela responde: "Alface, glicerina, cachorro-quente, roupa lavada". Eu disse: "Espere aí, aquilo era uma lista?" Ela diz: "Era." "Aquilo era um *código*", disse eu. Eles acharam que era um código – alface, glicerina etc. Então outro dia eu estava brincando – nas primeiras semanas tudo isso aconteceu, levou poucas semanas pra gente se entender, mas... – eu estava brincando com a máquina de somar, a máquina de calcular, e notei uma coisa. Então, como escrevia todo dia, eu tinha muita coisa para escrever. E é bem peculiar. Observem o que acontece. Se a gente divide um por 243, o resultado é 0,004115226337. É bem sério, e aí fica meio absurdo quando o vai-um só acontece com uns três números, e depois a gente vê que o 10 10 13 na verdade equivale a 114 de novo, ou 115 de novo, e continua assim, e eu estava explicando isso, como a coisa se repetia direitinho depois de alguns ciclos. Achei que era divertido. Bom, pus no correio e a carta volta; não passou, e há um bilhetinho: "Olhe o parágrafo 17B." Olho o parágrafo 17B, que diz: "As cartas só devem ser escritas em inglês, russo, espanhol, português, latim, alemão e assim por diante. A permissão para usar qualquer outro idioma tem de ser obtida por escrito." Então dizia "Nada de códigos." E eu escrevi de volta ao censor um bilhetinho, incluído na minha carta, em que eu dizia que sentia que naturalmente não podia ser código, porque se a gente *realmente* divide 1 por 243 a gente realmente obtém – – – –, e escrevi tudo aquilo lá, e portanto não há mais informação no número 1-1-1-1-0-0-0 do que no número 243, o que dificilmente é alguma informação, assim por diante. Portanto, eu pedia permissão para escrever minhas cartas com algarismos arábicos. Gosto de usar algarismos arábicos em minhas cartas. E assim consegui passar mais essa.

Havia sempre algum tipo de dificuldade com as cartas indo e vindo. Certa vez minha mulher insistiu em mencionar o fato de que se sentia desconfortável escrevendo com a sensação de que o censor está olhando por cima [de seu ombro]. E uma das regras era que não devíamos mencionar a censura – tudo bem, mas como dizer a ela? E eles não paravam de me mandar bilhetes: "Sua mulher mencionou censura." *Claro* que a minha mulher mencionou censura, e então finalmente eles me mandaram um bilhete dizendo: "Por favor, informe à sua esposa que ela não deve mencionar a censura nas cartas". Então pego minha carta e começo: "Mandaram que eu lhe informasse que você não deve mencionar a censura em suas cartas." Fum, fuuuuuum, voltou! Então escrevo: "Mandaram que eu informasse a ela que não deveria mencionar a censura. Como é que vou fazer isso? Além disso, *por que* tenho de dizer a ela que não mencione a censura? Vocês estão me escondendo alguma coisa?" É muito interessante que o próprio censor tinha de me dizer para dizer à minha mulher para não me dizer que ela... Mas eles tinham uma resposta. Eles me disseram que sim, que temiam que a correspondência fosse interceptada a caminho de Albuquerque e que descobrissem que havia censura se lessem as cartas, e que, por favor, que ela agisse de forma muito mais normal. Então na próxima fez que fui a Albuquerque e conversei com ela, eu disse: "Agora, olhe, não vamos mencionar a censura", mas tivemos tantos problemas que finalmente inventamos um código, uma coisa ilegal. Tínhamos um código; se eu pusesse um ponto no fim da minha assinatura, queria dizer encrenca de novo, e ela passaria ao passo seguinte, que ela inventou. Ela ficava lá sentada o dia inteiro porque estava doente, e pensava em coisas para fazer. A última coisa que ela fez foi me mandar, o que ela achou perfeitamente legítimo, um anúncio que dizia: "Mande a seu namorado uma carta quebra-cabeças. Aqui está a base. Nós lhe vendemos a base, você escreve a carta nela, separa as partes, põe tudo num saquinho e manda." E recebi essa com um bilhete dizendo: "Não temos tempo para brincadeiras. Diga à sua esposa para se limitar a cartas comuns." Bom, nos preparamos com mais um ponto. A carta começaria: "Espero que tenha se lembrado de abrir essa carta com cuidado, porque incluí o Pepto-Bismol para seu estômago, como combinamos." Seria uma carta cheia de pozinho. No escritório, a gente esperava que eles abrissem a carta depressa, o pó ia se espalhar pelo chão, eles ficariam todos nervosos porque não era para estragar nada, teriam de juntar todo aquele Pepto-Bismol... Mas não tivemos de usar esse. OK?

Depois de todas essas experiências com o censor, eu sabia exatamente o que passaria ou não. Ninguém mais sabia tanto quanto eu. E ganhei um dinheirinho com isso fazendo apostas. Certo dia, na cerca externa, descobri que os trabalhadores que moravam do outro lado e queriam entrar tinham preguiça de dar a volta até o portão e abriram um buraco a alguma distância. Então saí do cercado, fui até o buraco e entrei, saí de novo, e assim por diante, até que o sujeito, o sargento no portão, começou a querer saber o que estava acontecendo com aquele cara que só sai e nunca entra. E é claro que sua reação natural foi chamar o tenente e tentar me prender por isso. Expliquei que havia um buraco. Entende, eu estava sempre tentando endireitar os outros, indicar que havia um buraco. Então apostei com alguém que eu conseguiria dizer onde ficava o buraco na cerca, numa carta, e mandar a carta. E claro que consegui. E o jeito foi dizer: "Você devia ver como é que administram isso aqui." Sabe, isso a gente podia dizer. "Tem um buraco na cerca, a 21 metros de tal e tal lugar, desse tamanho assim e assim, que dá para passar andando." Agora, o que eles podem fazer? Não podem me dizer que o buraco não existe. Quer dizer, o que vão fazer? É azar deles se o buraco existe. Eles deveriam *tapar* o buraco. Então a carta passou. Também passou uma carta que falava de um dos rapazes que trabalhavam num de meus grupos, que foi acordado no meio da noite e interrogado com luzes na cara dele por alguns idiotas do exército porque descobriram alguma coisa sobre o pai dele ou coisa assim. Não sei, parece que era comunista. O nome dele era Kamane. Hoje ele é famoso.

Bom, também houve outras coisas. Eu estava sempre tentando endireitar, como indicar os buracos na cerca e tal, mas sempre tentava fazer isso de um jeito que não fosse direto. E uma das coisas que eu queria ressaltar era o seguinte: desde o começo tínhamos segredos absurdamente importantes. A gente tinha descoberto montes de coisas sobre o urânio, como funcionava, e tudo aquilo estava em documentos que ficavam em arquivos de madeira com cadeadinhos comuns, ordinários. Os arquivos tinham várias coisas feitas pela oficina, como uma vara que descia e depois tinha um cadeado para prender, mas era sempre apenas um cadeado. Além disso, dava para pegar o material desses arquivos de madeira sem nem abrir o cadeado; era só inclinar o móvel um pouco para trás e a gaveta de baixo, entende, tinha um ferrinho que deveria travar e um buraco na madeira, por baixo; dá para puxar os papéis por baixo. Então eu arrombava os cadeados o tempo todo e ressaltava que era facílimo de fazer. E toda vez que tínhamos uma reunião do grupo todo, todo mundo junto, eu me levantava e dizia que tínhamos segredos importantes que não deveriam ficar guardados naquelas coisas. Eram uns cadeados muito ruins. A gente precisava de trancas melhores. Então um dia Teller se levantou na reunião e me disse: "Bom, eu não guardo meus segredos mais importantes no arquivo, guardo na gaveta da escrivaninha. Não é melhor?" Eu disse: "Não sei, não vi a gaveta da sua escrivaninha." Bom, ele está sentado na frente da sala, e eu mais pro fundo. Então a reunião continua, e saio de fininho e desço para ver a gaveta da escrivaninha. OK? Nem é preciso arrombar a tranca da gaveta. Se a gente puser a mão atrás, por baixo, dá para puxar o papel, que nem toalha de papel: a gente puxa uma folha, ela puxa outra, puxa outra... Esvaziei a maldita gaveta, tirei tudo, deixei de lado, depois subi para o andar de cima e voltei. A reunião está no final e todo mundo está saindo e me junto à turma assim, sabe, andando junto, corro para alcançar Teller e digo: "Ah, aliás, vamos ver a gaveta da sua escrivaninha." E ele diz "Claro", e vamos até a sala dele. Aí ele me mostra a escrivaninha e olho e digo que me parece boa. E digo: "Vamos ver o que tem aí dentro." "Com todo o prazer", diz ele, enfiando a chave e abrindo a gaveta, "se é que você mesmo já não viu." O problema de aplicar um golpe num homem tão inteligente quanto o Sr. Teller é que o *tempo* que ele leva para entender, a partir do momento em que vê que alguma coisa está errada, até entender exatamente o que aconteceu, é tão pequeno que não dá prazer nenhum!

Bom, me diverti muito com os cofres, mas isso não tem nada a ver com Los Alamos, então não vou mais falar desse assunto. Quero falar de alguns problemas, problemas especiais, que tive que são bem interessantes. Uma coisa tinha a ver com a segurança das instalações de Oak Ridge. Los Alamos faria a bomba, mas em Oak Ridge eles estavam tentando separar os isótopos de urânio, Urânio-238 e Urânio-236, 235, esse último que era o explosivo, tudo bem? Então eles estavam *só* começando a conseguir uma quantidade infinitesimal de uma coisa experimental, de 235, e ao mesmo tempo estavam treinando. Era uma fábrica grande, eles teriam tonéis da coisa, produtos químicos, e iam pegar o troço purificado e repurificar e preparar para o próximo estágio. É preciso purificar em vários estágios. Então, de um lado eles estavam treinando a química e do outro só estavam conseguindo um pouquinho com um dos aparelhos experimentais. E tentavam aprender a examinar, a determinar quanto Urânio-235 tinha lá, e a gente mandava instruções e eles nunca acertavam. Então finalmente Segrè[7] disse que a única maneira possível de acertar era ele ir até lá ver o que estavam fazendo, entender por que a análise dava errado. O pessoal do exército disse que não, que é nossa política manter todas as informações de Los Alamos num lugar só, e que o pessoal de Oak Ridge não deveria saber de jeito nenhum para que seria usado; eles só sabiam o que estavam tentando fazer. Quer dizer, o pessoal mais de cima sabia que estavam separando urânio, mas não sabiam como a bomba era poderosa nem como funcionava exatamente nem nada. As pessoas de baixo não sabiam *nada* do que estavam fazendo, e o exército queria deixar as coisas assim; não havia informação indo e vindo, mas Segrè finalmente insistiu, porque era importante. Eles nunca fariam as análises direito, a coisa toda viraria fumaça. E Segrè foi ver o que estavam fazendo e, quando estava andando, ele viu o pessoal girando uma bombona de água, água verde; a água verde é nitrato de urânio. Ele diz: "Vocês vão manusear assim quando estiver purificado também? É isso que vocês vão fazer?" Eles disseram: "Claro, por que não?" "Não vai explodir?", perguntou ele. "Hein?! *Explodir!??*" E aí o exército disse: "Sabe, nenhuma informação deveria passar!" Bom, acontece que o exército tinha percebido a quantidade de material que a gente precisava para fazer a bomba, 20 quilos ou sei lá, e perceberam que todo esse material purificado nunca ficaria na fábrica, então não havia perigo. Mas eles não sabiam que os nêutrons eram imensamente mais eficazes quando são retardados na água. E assim, na água basta menos de um décimo, não, um centésimo de material para provocar uma reação que produza radiatividade. Não provoca uma grande explosão, mas produz radiatividade, mata gente em volta e coisa e tal. Então era muito perigoso, e eles não tinham dado atenção nenhuma à segurança.

7 Emilio Segrè (1905-1989), ganhador, com Owen Chamberlain, do Prêmio Nobel de Física de 1959 por descobrir o antipróton.

Então sai um telegrama de Oppenheimer para Segrè: passe pela fábrica toda, observe onde deveriam estar todas as concentrações, com os processos do jeito que *eles* projetaram. Enquanto isso, vamos calcular quanto material pode se acumular antes que haja uma explosão. E assim dois grupos começaram a trabalhar nisso. O grupo de Christie trabalhava com soluções aquosas e eu, no pó seco em caixas, meu grupo. E calculamos a quantidade de material. E Christie deveria ir até lá e dizer a todos eles em Oak Ridge qual era a situação. Assim, alegremente, dei todos os meus números a Christie, e disse: está tudo com você, pode ir. Christie pegou pneumonia; eu é que tive de ir. Nunca tinha viajado de avião; e viajei de avião. Eles *amarraram* os segredos, com uma coisinha com um cinto, nas minhas costas! Naquela época o avião era que nem um ônibus. A gente parava de vez em quando, só que as paradas ficavam mais distantes. A gente parava e esperava. Tem um sujeito sentado ali do meu lado com um chaveiro, girando o chaveiro e dizendo uma coisa assim: "Deve ser *dificílimo* hoje em dia viajar de avião sem prioridade." Não consegui resistir e disse: "Ué, não sei, eu *tenho* prioridade." Um pouco depois alguns generais embarcaram e mandaram sair alguns que tinham prioridade 3. Tudo bem, a minha é 2. Provavelmente aquele passageiro escreveu ao seu deputado, se é que ele mesmo não era deputado, dizendo: que história é essa de mandar garotos por aí com prioridade alta no meio da guerra? Seja como for, cheguei. A primeira coisa que fiz foi mandar que me levassem até a fábrica e não disse nada; só olhei tudo. Descobri que a situação era ainda pior do que Segrè contara porque ele se confundiu da primeira vez. Ele observou algumas caixas em grandes lotes e não notou outras caixas em outra sala num grande lote, mas era a mesma sala do outro lado. E coisas assim. E quando você tem coisa demais junta, explode, entende. Então passei pela fábrica inteira. Tenho péssima memória, mas quando o trabalho é muito intenso, tenho boa memória de curto prazo, e assim consegui me lembrar de todo tipo de maluquice, como prédio nove-dois-zero-sete, número do tonel e mais isso e mais aquilo. Fui pra casa naquela noite e repassei a coisa toda, explicando onde estavam todos os perigos, o que era preciso para consertar aquilo. É bastante fácil: a gente põe cádmio em soluções para absorver os nêutrons na água, separa as caixas para não ficarem muito densas, urânio demais junto e coisa e tal, de acordo com certas regras. E usei todos os exemplos, elaborei todos os exemplos e como funcionava o processo de congelamento. Eu achava que não dava para tornar a fábrica segura sem saber como aquilo funcionava. E no dia seguinte haveria uma grande reunião.

Ah, esqueci de dizer: antes de eu viajar, Oppenheimer me disse: "Agora," disse ele, "quando você for, as seguintes pessoas são tecnicamente capazes lá em Oak Ridge: o Sr. Julian Webb, o Sr. Fulano e coisa e tal. Quero que você garanta que essas pessoas estejam na reunião, que você lhes diga como a coisa, entende, a segurança, que eles *entendam* mesmo; *eles* são os responsáveis." Perguntei: "E se eles não estiverem na reunião, o que faço?" Ele respondeu: "Então você vai dizer: *Los Alamos não pode aceitar a responsabilidade pela segurança da fábrica de Oak Ridge sem isso!!!* E eu disse: "Você quer que eu, o Ricardinho, vá até lá para dizer...?" E ele: "Isso mesmo, Ricardinho, você vai e faz." Cresci depressa mesmo! E quando eu cheguei, é claro, cheguei lá e a reunião era no dia seguinte, e todas aquelas pessoas da empresa, os chefões da empresa e o pessoal técnico que eu queria estavam lá, e os generais e coisa e tal que estavam interessados nos problemas, organizando tudo. Foi uma grande reunião sobre esse problema gravíssimo de segurança porque a fábrica nunca funcionaria. Teria explodido, juro que teria, se ninguém tivesse prestado atenção. Aí tinha um tenente que cuidava de mim. Ele me disse que o coronel tinha dito que eu não podia contar a eles como os nêutrons funcionam e todos os detalhes porque queremos manter as coisas separadas. Basta dizer a eles o que fazer para manter a segurança. Eu disse que, na minha opinião, é impossível eles entenderem ou obedecerem a um monte de regras se não entenderem, se não entenderem como funciona. E na minha opinião, só vai dar certo se eu lhes disser, e *Los Alamos não pode aceitar a responsabilidade pela segurança da fábrica de Oak Ridge se eles não forem totalmente informados de como tudo funciona!!* Foi maravilhoso. Então ele vai ao coronel. "Me dê cinco minutinhos", diz o coronel. Ele vai até a janela, para e pensa, e é nisso que eles são muito bons. Eles são bons para tomar decisões. Achei extraordinário que o problema de informar ou não como a bomba funciona na fábrica de Oak Ridge tivesse de ser decidido e pudesse ser decidido em cinco minutos. Por isso tenho muito respeito por esses militares, porque eu nunca consigo decidir nada muito importante em tempo nenhum, de jeito nenhum.

Assim, em cinco minutos ele diz: "tudo bem, Sr. Feynman, vai fundo". E me sentei e contei tudo a eles sobre nêutrons, como funcionavam, tá, tá, tá, tá, tá, tem nêutron demais junto, vocês têm de separar o material, o cádmio absorve, e nêutrons lentos são mais eficazes que os rápidos e blá e blá... Toda aquela coisa que era coisa de cartilha do primário em Los Alamos, mas eles nunca tinham ouvido falar de nada daquilo, e eles me acharam o maior dos gênios. Eu era um deus descido dos céus! Lá estavam todos aqueles fenômenos que não eram entendidos e que nunca ninguém tinha ouvido falar, eu sabia tudo sobre aquilo, eu podia lhes dar fatos e números e tudo o mais. Assim, de ser bem primitivo lá em Los Alamos, passei a ser um supergênio na outra ponta. Bom, o resultado foi que eles decidiram, depois de formarem grupinhos, fazer seus próprios cálculos para aprender. Começaram a reprojetar as instalações. Os projetistas estavam lá, os engenheiros civis, engenheiros químicos da nova fábrica que cuidaria do material separado estavam lá. E havia outra gente lá. E falei tudo de novo. Eles me pediram que voltasse dali a alguns meses; iam reprojetar a fábrica para a separação.

Então voltei dali a algum tempo, um mês ou dois, e a Stone and Webster Company, os engenheiros, tinham terminado o projeto da fábrica e agora queriam que eu olhasse. OK? Como é que se olha uma fábrica que ainda não foi construída? Não sei. Então entro na sala com esses caras. Havia sempre um tenente Zumwalt que estava sempre andando comigo, cuidando de mim, sabe; eu precisava de escolta por toda parte. Então ele vai comigo, ele me leva até essa sala e lá estão aqueles dois engenheiros e uma mesa *compriiiiiiida*, grande e bem comprida, uma mesa tremenda, coberta com uma planta baixa tão grande quanto a mesa; não uma só, mas uma pilha de plantas baixas. Aprendi desenho técnico quando estava na escola, mas não era muito bom na leitura de plantas baixas. E eles começam a me explicar porque eles achavam que eu era um gênio. E eles começam: "Sr. Feynman, gostaríamos que o senhor entendesse, a fábrica é projetada assim, o senhor vê que uma das coisas que tivemos de evitar é a acumulação." Problemas como: há um evaporador funcionando que está tentando acumular o troço; se a válvula emperrar ou coisa assim e acumular coisa demais, vai explodir. E eles me explicaram que essa fábrica foi projetada de tal modo que *nenhuma* válvula, se qualquer válvula emperrar nada vai acontecer. Precisa de pelo menos duas válvulas por toda parte. E aí eles explicam como funciona. O tetracloreto de carbono entra aqui, o nitrato de urânio daqui entra ali, sobe e desce, sobe pelo chão, sobe pelos tubos, vem do segundo andar, bluuuuurp, pelas plantas baixas, sobe, desce, sobe, desce, falando muito depressa e explicando a fábrica química muito, muito complicada. Fico completamente tonto, pior, nem sei o que significam os símbolos na planta baixa! Tem um tipo de coisa que primeiro pensei que fosse uma janela. É um quadrado com uma cruzinha no meio, espalhado por toda parte.

Linhas com esse maldito quadrado, linhas com o maldito quadrado. Acho que é uma janela; não, não pode ser janela, porque não está sempre na borda. Quero perguntar a eles o que é. Vocês já devem ter passado por isso: não perguntou logo, perguntar logo não seria problema. Mas eles já falaram tempo demais. Você hesitou tempo demais. Se perguntar agora, eles vão pensar: "por que você me fez desperdiçar todo esse tempo até agora?" Não sei o que fazer; fico pensando que, na vida, em geral tive sorte. Vocês não vão acreditar nessa história, mas juro que é absolutamente verdadeira; foi uma sorte sensacional. Pensei: *o que vou fazer, o que vou FAZER?????* Tive uma ideia. Será que é uma válvula? Então, para descobrir se era uma válvula ou não, estendi o dedo e pus no meio de uma das plantas baixas, na página número 3, perto do fim, e perguntei: "O que acontece se esta válvula enguiçar?", imaginando que eles diriam: "Isso não é uma válvula, senhor, é uma janela." E aí um olhou o outro e disse: "Bom, se essa válvula enguiçar..." e eles começaram a ir pra cima e pra baixo na planta, pra cima e pra baixo, o outro cara pra cima e pra baixo, aí os dois se viraram pra mim e abriram a boca: "O senhor tem toda a razão." E aí eles enrolam as plantas e saem andando e vamos embora. E o tenente Zumwalt, que vinha me seguindo o tempo todo, disse: "O senhor é um gênio. Eu vi que o senhor era um gênio quando passou pela fábrica uma vez e no dia seguinte falou com eles sobre o evaporador C-21 do prédio 90-207", disse ele, "mas o que o senhor acabou de fazer é *fantástico*, quero saber como, *como* o senhor faz essas coisas?" E eu lhe disse: basta tentar descobrir se é uma válvula ou não.

Bom, outro tipo de problema em que trabalhei foi o seguinte: a gente tinha de fazer montes de contas e usava as máquinas de calcular Marchant. Aliás, só para lhes dar uma ideia de como era Los Alamos, tínhamos essas calculadoras Marchant. Não sei se vocês sabem como eram, calculadoras de mão com números que a gente aperta e elas multiplicam, dividem, somam e coisa e tal. Não como fazem facinho agora, era mais difícil; eram aparelhos mecânicos. E tinham de ser mandadas de volta para a fábrica quando precisavam de conserto. Não tínhamos um técnico especial para isso, o que era o jeito normal, e elas sempre eram mandadas para a fábrica. Logo a gente estava ficando sem máquinas. Aí eu e alguns colegas começamos a tirar as tampas. A gente não podia fazer isso; tinha a regra "Se tirar a tampa, não nos responsabilizamos..." Aí a gente tirou a tampa e tivemos uma bela série de lições. Como a primeira: a gente tirou a tampa e havia um eixo com um buraco e uma mola pendurada pra cá, e era óbvio que a mola entrava no buraco; essa foi fácil. Seja como for, meu Deus, a gente teve uma série de lições sobre o conserto das máquinas, e fomos ficando cada vez melhores e fazendo consertos cada vez mais complicados. Quando a coisa era complicada demais, a gente mandava de volta para a fábrica, mas nós mesmos fazíamos os consertos mais fáceis para manter a coisa funcionando. Também consertei umas máquinas de escrever. Acabei consertando todas as calculadoras; os outros me abandonaram. Havia um sujeito na oficina de máquinas que era melhor do que eu, e ele cuidava das máquinas de escrever; eu cuidava das máquinas de somar. No entanto, decidimos que o grande problema era descobrir exatamente o que aconteceria durante a explosão da bomba, quando a gente empurra tudo pra dentro numa explosão e depois sai tudo de novo. Exatamente o que acontece, pra gente calcular exatamente quanta energia era liberada e coisa e tal. Isso exigia muito mais contas do que a gente era capaz de fazer. E um cara bastante esperto, Stanley Frankle, percebeu que talvez isso pudesse ser feito numa máquina IBM. A empresa IBM tinha máquinas com fins comerciais, máquinas de somar chamadas tabuladoras, que listavam somas, e uma multiplicadora, só uma máquina, uma caixa grande, a gente punha cartões nela e ela pegava os números de um cartão, multiplicava e imprimia num cartão. E havia intercaladoras e alceadoras e coisa e tal. E ele decidiu, ele imaginou um belo programa. Se a gente pusesse uma quantidade suficiente dessas máquinas numa sala, podíamos pegar os cartões e pôr nas máquinas num ciclo; quem faz cálculos numéricos hoje sabe exatamente do que estou falando, mas aquilo era uma coisa nova: produção em massa com máquinas.

A gente tinha feito coisas assim nas máquinas de somar. Geralmente, a gente faz um passo de cada vez e faz tudo. Mas aquilo era diferente: primeiro a gente ia na máquina de somar, depois na de multiplicar, depois na de somar e assim por diante. Então ele projetou essa coisa e encomendou a máquina da IBM, porque a gente percebeu que era um bom jeito de resolver o problema. Descobrimos que havia alguém no exército que tinha feito treinamento na IBM. A gente precisava de alguém para consertar as máquinas, para manter tudo funcionando. E eles iam mandar o sujeito, mas ia atrasando, sempre atrasando. Só que a gente estava com pressa *sempre*. Preciso explicar que *tudo* o que a gente fazia, a gente tentava fazer o mais depressa possível. Nesse caso específico, a gente elaborou todos os passos numéricos que era preciso fazer, que as máquinas teriam de fazer, multiplicar isso, depois fazer aquilo, e subtrair aquele. Aí a gente elaborou o programa, mas não havia máquina nenhuma para testar. E o que a gente fez? Arranjei uma sala com moças, cada uma delas com uma Marchant. E *ela* era a multiplicadora, e *ela* era a somadora, e esta aqui elevava ao cubo, e a gente tinha cartões, fichas, e ela só elevava o número ao cubo e passava para a próxima. Essa imitava a multiplicadora, a próxima imitava a somadora. Fizemos nosso ciclo, limpamos todos os erros. Bom, fizemos isso assim. E acontece que a velocidade que conseguimos... a gente nunca tinha feito produção em massa de cálculos, e todo mundo que já fez conta, todo mundo mesmo, fez todos os passos. Mas Ford teve uma ideia boa, aquele troço funciona muitíssimo mais depressa do que do outro jeito, e com esse sistema conseguimos a velocidade prevista para a máquina

IBM, a mesma. A única diferença era que as máquinas IBM não se cansavam e podiam trabalhar três turnos seguidos mas as moças se cansavam depois de algum tempo. E aí limpamos os erros durante esse processo e finalmente as máquinas chegaram, mas não o técnico. Então começamos a montar as máquinas. E eram as máquinas mais complicadas da tecnologia da época, aquelas máquinas de calcular, coisas grandes que vinham semidesmontadas, com montes de fios e plantas do que fazer. E a gente foi lá e montou, eu, Stan Frankle e outro cara, e tivemos algumas dificuldades. A maior parte do problema eram os chefões que viviam aparecendo pra dizer que a gente ia quebrar alguma coisa, "vocês vão quebrar alguma coisa". Montamos as máquinas, e às vezes elas funcionavam, e às vezes tínhamos montado errado e elas não funcionavam. E aí a gente remexia e conseguia que trabalhassem. Nem todas funcionaram, e por último eu estava trabalhando numa multiplicadora, vi uma parte torta lá dentro e fiquei com medo de endireitar porque podia quebrar. Eles viviam nos dizendo que a gente ia quebrar e não ia dar para consertar. E finalmente o homem da IBM chegou, na verdade bem no dia marcado, mas ele veio e consertou o resto que a gente não tinha aprontado, e o programa começou a funcionar. Mas ele teve dificuldade com a mesma máquina que não consegui consertar. Então, três dias depois ele ainda estava trabalhando nessa última. Fui lá e disse: "Ah, eu notei que isso está torto." E ele disse: "Ah, é claro! É só isso!" (Plec) – e pronto, deu certo. Era só isso.

Bom, o Sr. Frankle começou o programa e começou a sofrer de uma doença, a doença do computador, que todo mundo que trabalha com computador conhece. É uma doença gravíssima e interfere demais com o trabalho. Era um problema grave o que a gente estava tentando fazer. A doença dos computadores é que a gente *brinca* com eles. Eles são maravilhosos. A gente tem essas *x* instruções que determinam: se for um número par faça isso, se for número ímpar faça aquilo, e logo, logo, se for bastante esperto, a gente consegue fazer coisas cada vez mais complicadas na máquina. E dali a pouco aconteceu que o sistema todo deu pau. Ele não estava prestando atenção nenhuma; não estava supervisionando ninguém. O sistema estava rodando muitíssimo devagar. O verdadeiro problema era que ele estava sentado na sala tentando descobrir como fazer uma tabuladora imprimir automaticamente o arco tangente de *x*, e então começaria e imprimiria colunas e aí bitsi, bitsi, bitsi, e calcularia os arcos tangentes automaticamente integrando pelo caminho e faria uma tabela inteira numa única operação. Absolutamente inútil. A gente *tinha* tabelas de arcos tangentes. Mas quem já trabalhou com computadores entende a doença. O *prazer* de saber o que a gente consegue fazer. Mas ele pegou a doença pela primeira vez, o pobre coitado que inventou a coisa pegou a doença.

E aí me pediram pra parar de trabalhar no que eu estava fazendo com meu grupo e ir lá e assumir o grupo da IBM. Notei a doença e tentei não pegar. E, embora eles fizessem três problemas em nove meses, eu tinha um grupo muito bom. O primeiro problema foi que eles nunca contaram nada aos caras, que tinham sido selecionados no país inteiro, uma coisa chamada Destacamento Especial de Engenharia. Eram rapazes espertos do curso secundário que tinham capacidade mecânica, e o exército reuniu todos eles no Destacamento Especial de Engenharia. E mandaram para Los Alamos. Puseram os rapazes no quartel e não contaram *nada* a eles. Aí eles foram trabalhar e o que tinham de fazer era trabalhar em máquinas IBM, perfurando cartões, números que eles não entendiam, ninguém disse a eles o que era. A coisa estava andando muito devagar. Eu disse que a primeira coisa que tinha de acontecer era que os técnicos soubessem o que estavam fazendo. Oppenheimer foi e conversou com o pessoal da segurança e conseguiu uma permissão especial. E aí eu fiz uma bela palestra em que expliquei a eles o que a gente estava fazendo, e eles ficaram todos empolgados. A gente estava numa guerra. A gente vê o que é. Eles sabiam o significado dos números. Se a pressão aumentasse, haveria mais energia liberada e isso e aquilo. Eles sabiam o que estavam fazendo. Transformação *completa*! *Eles* começaram a inventar jeitos de fazer aquilo melhor. Melhoraram o esquema. Trabalhavam à noite. Não precisavam de supervisão à noite. Não precisavam de nada. Eles tinham entendido tudo. Inventaram vários programas que usamos e coisa e tal. E meus garotos realmente desabrocharam, e só foi preciso lhes dizer o que era, só isso. Era assim: não contem a eles, eles estão perfurando cartões. Por favor! Em consequência, antes eles levaram nove meses pra resolver três problemas, mas a gente resolveu nove problemas em *três* meses, o que é quase dez vezes mais depressa. Um dos segredos para resolver nosso problema foi o seguinte: os problemas eram um maço de cartões que tinham de passar por um ciclo. Primeiro somar, depois multiplicar, e passava o ciclo completo de máquinas da sala, devagar, dando voltas e mais voltas. Aí inventamos um jeito, usando cartões de cores diferentes, de pôr todos para circular também, mas fora de sincronia. Podíamos resolver dois ou três problemas ao mesmo tempo. Vocês estão vendo que era outro problema. Enquanto este aqui somava, o outro problema multiplicava. E esses esquemas de gerenciamento provocaram muito mais problemas.

Finalmente, perto do fim da guerra, pouco antes do teste em Alamogordo, a questão era: quanta energia seria liberada? A gente estava calculando a liberação de vários projetos, mas o projeto específico que acabou sendo usado não tinha sido calculado. Então Bob Christie chegou e disse: a gente precisa daqui a um mês do resultado de como essa coisa vai funcionar, ou bem depressa, não sei, menos que isso, umas três semanas. Eu disse: "Impossível." E ele: "Ué, vocês estão resolvendo sei lá quantos problemas por semana? São só duas semanas cada problema, ou três semanas cada problema." E eu falei: "Eu sei, leva muito mais tempo resolver o problema, mas a gente está trabalhando em *paralelo*. Mas resolver leva muito tempo, e não tem jeito de fazer funcionar mais depressa." E ele saiu. Comecei a pensar: será que tem jeito de fazer mais depressa? Bom, se a gente não fizesse mais nada na máquina, e não tivesse mais nada interferindo e coisa e tal. Comecei a pensar. Pus no quadro negro um desafio pros garotos: SERÁ QUE A GENTE CONSEGUE? Todos responderam: consegue, a gente dobra o turno, a gente faz hora extra, todo esse tipo de coisa, a gente *vai tentar*. A gente *vai tentar*!! E aí a regra foi: todos os outros problemas, *fora*. Só um problema, e só se concentra nessa coisa. E eles começaram a trabalhar.

Minha mulher morreu em Albuquerque e tive de ir pra lá. Peguei emprestado o carro de Fuchs[8]; ele era amigo meu no dormitório. Ele tinha carro. Ele usava o carro para levar os segredos, sabe, eles iam para Santa Fé. Era ele o espião; eu não sabia. Peguei o carro dele emprestado para ir a Albuquerque. O maldito carro furou três pneus pelo caminho. Voltei de lá e fui pra sala, porque eu devia estar supervisionando tudo, mas não pude durante três dias. Estava uma *bagunça*, uma corrida para conseguir a resposta para o teste que seria feito no deserto. Entro na sala e vejo cartões de três cores. Cartões brancos, cartões azuis, cartões amarelos. Aí começo a dizer: "Ora bolas, vocês não deveriam resolver nenhum outro problema, só um!" E eles disseram: "Saia, saia, saia. Espere que depois a gente explica." E esperei, e o que aconteceu foi o seguinte: quando eles trabalhavam, às vezes a máquina errava ou eles punham o número errado; isso acontece. E geralmente a gente tinha de voltar e fazer tudo de novo. Mas eles notaram que o grupo de fichas representava posições e profundidades na máquina, no espaço ou coisa assim. Um erro feito aqui, num ciclo,

8 Klaus Fuchs (1911-1988), físico teórico alemão que se tornou espião soviético nos Estados Unidos. [N.T.]

só afeta os números vizinhos; o ciclo seguinte afeta os números vizinhos e assim por diante. E funciona assim no baralho todo. Se você tiver cinquenta cartões e cometer um erro no cartão 39, ele afeta o 37, o 38 e o 39. O próximo cartão, 36, 37, 38, 39 e 40. Da próxima vez, se espalha como uma doença. Então eles encontraram um erro, voltaram um tanto e tiveram uma ideia. Só calculariam um grupo pequeno de dez cartões em torno do erro. E como dez cartões passavam pela máquina mais depressa que o conjunto de cinquenta cartões, eles podiam passar o grupo menor rapidamente enquanto continuavam com os cinquenta cartões com a doença se espalhando. Mas a outra coisa era calculada mais depressa, e eles isolavam tudo e corrigiam. OK? Muito inteligente. Era assim o jeito como aqueles garotos trabalhavam, trabalhavam muito, muito inteligentes, para ir mais depressa. Não havia outro jeito. Se tivessem de parar pra consertar, a gente perderia tempo. Não teríamos conseguido. Era o que eles estavam fazendo. É claro que a gente sabe o que aconteceu enquanto eles estavam fazendo isso. Eles acharam um erro no baralho azul. E aí pegaram um baralho amarelo com menos cartões, que rodava mais depressa que o azul, entende? Só que aí eles ficaram malucos, porque depois que acertaram tiveram de consertar o baralho branco, tiveram de pegar todos os outros cartões e substituir pelos certos, e continuar corretamente, e é bem confuso. Vocês sabem como são essas coisas. Ninguém quer cometer erros. Bem na hora em que eles puseram esses três baralhos para rodar, quando estão tentando fechar tudo, o CHEFE chega e vai entrando. "Deixe a gente em paz", eles disseram, e eu deixei eles em paz e tudo deu certo; resolvemos o problema a tempo, e foi assim.

Eu gostaria de lhes dizer só algumas palavras sobre algumas pessoas que conheci. Eu era um zero à esquerda no começo. Virei chefe de grupo, mas conheci alguns grandes homens – além dos homens do comitê de avaliação, os homens que conheci em Los

Alamos. E são tantos que foi uma das grandes experiências da minha vida ter conhecido todos esses físicos maravilhosos. Homens de quem eu já ouvira falar, menores e maiores, mas os maiores de todos também estavam lá. Um deles foi Fermi[9], é claro. Ele foi lá uma vez. A primeira vez ele veio de Chicago para uma pequena consulta, para nos ajudar se a gente tivesse alguma dificuldade. A gente fez uma reunião com ele e eu vinha fazendo umas contas e conseguindo alguns resultados. As contas eram tão complicadas que era muito difícil. Agora, em geral eu era o especialista naquilo, eu sempre sabia mais ou menos qual seria a resposta ou quando eu chegava lá, conseguia explicar por quê. Mas aquela coisa era tão complicada que eu não conseguia explicar *por que* era daquele jeito. Aí eu disse a Fermi que estava resolvendo o problema e comecei a fazer as contas. Ele disse: "Espere. Antes de me dizer o resultado, me deixe pensar. Vai sair assim (ele acertou) e vai sair assim por causa disso e daquilo." E era uma explicação perfeitamente óbvia. [...] Então *ele* estava fazendo aquilo que eu devia fazer bem, só que dez vezes melhor que eu. E para mim aquilo foi uma lição e tanto.

E havia von Neumann, que era o grande matemático. Ele sugeriu, não vou entrar em detalhes aqui, algumas observações técnicas muito inteligentes. A gente tinha uns fenômenos muito interessantes no cálculo dos números. O problema parecia instável e ele explicava por quê e coisa e tal. Era uma orientação técnica muito boa. Mas a gente costumava sair para passear muitas vezes, para descansar, como no domingo ou coisa assim. A gente caminhava nos desfiladeiros próximos, e íamos com Bethe, von Neumann e

9 Enrico Fermi (1901-1954) Ganhador do Prêmio Nobel de Física de 1938 por demonstrar a existência de novas substâncias radiativas produzidas por irradiação de nêutrons e trabalhos relacionados. Fermi também foi responsável pela primeira reação nuclear controlada na Universidade de Chicago, em dezembro de 1942.

Bacher. Era um prazer imenso. E a maior coisa que von Neumann me deu foi uma ideia dele que era interessante. Que a gente não tem de ser responsável pelo mundo onde está, e assim desenvolvi uma noção fortíssima de irresponsabilidade social em consequência dos conselhos de von Neumann. Isso fez de mim um homem muito feliz. Mas foi von Neumann que plantou a semente que virou agora a minha irresponsabilidade *ativa*!

Também conheci Niels Bohr[10], e foi interessante. Ele veio, o nome dele era Nicholas Baker naquela época, e ele veio com Jim Baker, seu filho, que na verdade se chama Aage[11]. Eles vieram da Dinamarca e foram nos visitar, e eram físicos *muito* famosos, como vocês todos sabem. Para todos os manda-chuvas, todos eles, ele era um deus ainda maior; eles davam ouvidos a ele e coisa e tal. E ele falava sobre as coisas. A gente estava numa reunião, e todo mundo queria *ver* o grande Bohr. E havia muita gente, e eu fiquei num cantinho nos fundos, e a gente falou, discutiu os problemas da bomba. Isso foi a primeira vez. Ele veio e foi embora, e só consegui vê-lo por trás da cabeça de alguém, no cantinho. Na próxima vez que ele devia vir, de manhã, no dia em que ele devia chegar, me telefonam.

– Alô, Feynman?

– É.

– Aqui é Jim Baker – o filho dele. – Eu e meu pai queremos conversar com você.

– Eu? Eu sou o Feynman, sou só um...

– Tudo bem. OK.

---

10 Niels Bohr (1885-1962), ganhador do Prêmio Nobel de Física de 1922 pelo trabalho sobre a estrutura dos átomos e da radiação que emana deles.

11 Aage Bohr (1922-2009), ganhador, com Ben Mottelson e James Rainwater, do Prêmio Nobel de Física de 1975 pela teoria da estrutura do núcleo atômico.

E às oito da manhã, antes que todo mundo acordasse, fui até lá. Entramos numa sala na área técnica e ele diz: "A gente andou pensando num jeito de tornar a bomba mais eficiente e tivemos a seguinte ideia." E eu respondo: "Não, não vai dar certo, não é eficiente, blá, blá, blá." E ele diz: "E que tal isso e aquilo?" E eu: "Aí parece um pouco melhor, mas tem essa ideia ridícula por trás." E assim foi, pra lá e pra cá. Sempre fui *burro* com uma coisa: eu nunca sei com quem estou falando. Sempre me preocupei com a física; se a ideia era burra, eu dizia que era burra. Se era boa, eu dizia que era boa. Uma proposição simples; sempre vivi assim. É bom, é agradável, se a gente consegue. Tenho sorte. A mesma sorte que tive com aquela planta baixa, tenho muita sorte na vida porque consigo fazer isso. E assim foi durante umas duas horas, pra lá, pra cá, um monte de ideias, e depois derrubando, pra lá e pra cá, discutindo. O grande Niels sempre acendendo o cachimbo; o tempo todo, o cachimbo sempre apagava. E ele falava de um jeito que não dava pra entender. Ele dizia "Mumumum, mumumum", difícil de entender, mas o filho conseguia entender melhor. Finalmente, ele disse: "Bom", e acendeu o cachimbo, "acho que a gente pode chamar a chefia *agora*". Então eles chamaram todo mundo e discutiram com eles. E aí o filho me contou o que tinha acontecido; é que na última vez que tinha ido lá, ele disse ao filho:

– Você lembra o nome daquele sujeitinho no cantinho lá de trás? Ele é o único que não tem medo de mim, e vai dizer se a minha ideia é maluca. Então da *próxima* vez, quando a gente quiser discutir ideias, não vai dar pra discutir com esses caras que só dizem sim, sim, Dr. Bohr. Chame aquele sujeito primeiro, a gente fala com ele primeiro.

A próxima coisa que aconteceu, é claro, foi o teste depois que a gente fez os cálculos. A gente tinha de fazer o teste. Na verdade eu estava em casa, tinha tirado umas feriazinhas na época, acho que porque minha mulher tinha morrido, e recebi um recado de Los Alamos dizendo: "O neném vai nascer, ele é esperado no dia tal e tal." E peguei um avião de volta, e *só* cheguei no local quando os ônibus estavam partindo; nem pude ir até meu quarto. Em Alamogordo, esperamos lá longe; a gente estava a uns trinta quilômetros. E havia um rádio, e eles deviam nos dizer quando a coisa ia explodir e coisa e tal. O rádio não funcionou, e a gente nunca soube o que estava acontecendo. Mas, poucos minutos antes de a coisa explodir, o rádio começou a funcionar, e eles nos disseram que faltavam vinte segundos ou coisa assim. Para quem estava muito longe, como nós – os outros estavam mais perto, uns dez quilômetros –, eles deram óculos escuros pra gente observar. Óculos escuros!! A trinta quilômetros da maldita coisa, a gente recebia óculos escuros! Não dá pra ver nada com óculos escuros. Então imaginei que a única coisa que realmente podia fazer mal aos olhos – a luz forte nunca machuca os olhos – é a luz ultravioleta. Então fiquei atrás do para-brisa do caminhão, porque o ultravioleta não passa pelo vidro, então seria seguro e eu conseguiria *ver* a maldita coisa. Os outros nunca conseguiriam *ver* a maldita coisa. Tudo bem. Chega a hora e aquele relâmpago *tremendo* lá longe, tão forte que logo vejo uma mancha roxa no chão do caminhão. E digo: "Isso não existe. Isso é uma imagem residual." E volto a olhar pra cima e vejo aquela luz branca ficando amarela e depois laranja. As nuvens se formam e depois somem de novo, a compressão e a expansão se formam e fazem as nuvens sumirem. Aí, finalmente, uma grande bola laranja, o centro era tão luminoso que ficou uma bola laranja que começou a subir e se expandir um pouco e ficar um pouco preta nas bordas, e aí a gente vê que é uma bolona de fumaça com raios por dentro do fogo que está saindo, o calor. Vi tudo isso, e tudo isso que acabei de descrever num momento só; levou cerca de um minuto. Foi uma série, de claro a escuro, e eu vi. Acho que sou o único sujeito que realmente olhou a maldita coisa, o primeiro Teste Trinity. Todo mundo estava de óculos escuros. Quem estava a dez quilômetros não viu, porque mandaram todo mundo deitar no chão de olhos fechados, e ninguém viu. Os caras onde eu estava, todos puseram óculos escuros. Sou o único que viu a olho nu. Finalmente, depois de um minuto e meio, veio de repente um barulhão, *BANG*, e então um ribombo, como trovoada, e foi isso que me convenceu. Ninguém disse nada durante aquele minuto inteiro, a gente estava só observando em silêncio, mas esse som liberou todo mundo, me liberou, principalmente, porque a solidez do som àquela distância queria dizer que tinha mesmo dado certo. O homem a meu lado disse, quando o som acabou: "O que foi isso?" Respondi: "Foi a bomba." O homem era William Laurence, do *New York Times*, que tinha vindo. Ele ia escrever uma reportagem para descrever a situação toda. Eu é que devia ter levado ele na visita. Descobriram que era técnico demais pra ele.

Depois, o Sr. Smyth[12], de Princeton, veio e lhe mostrei Los Alamos. Por exemplo, a gente entrava numa sala e lá, no alto de um pedestal estreito assim, estava uma bola mais ou menos deste tamanho, prateada. A gente podia pôr a mão nela, era quente. Era radiativa; era plutônio. E a gente ficava na porta dessa sala conversando. Ali estava um novo elemento feito pelo homem que nunca existira antes na Terra, a não ser talvez por um período curtíssimo, bem no comecinho. E ali estava, todo isolado e radiativo, e tinha aquelas propriedades. E nós tínhamos feito. Assim, era tremendamente valioso, valiosíssimo, não havia nada mais valioso e tal e coisa. Enquanto isso, sabe como é que a gente faz quando conversa, a gente meio que se mexe e se remexe e tal e coisa. E ele estava chutando o batente da porta, sabe, e eu digo que o batente é mais adequado do que a porta. O batente era um hemisfério de metal amarelado, ouro, na verdade. Era um hemisfério de ouro grande

12 Henry DeWolf Smyth (1898-1986), físico e diplomata americano. [N.T.]

assim. O que aconteceu foi que a gente precisou fazer um experimento para ver quantos nêutrons eram refletidos por materiais diferentes para poupar nêutrons e não ter de usar muito plutônio. A gente testou muitos materiais diferentes. A gente testou platina, testou zinco, testou latão, testou ouro. E para fazer os testes com ouro a gente tinha aqueles pedaços, e alguém teve a boa ideia de usar aquela grande bola de ouro como batente da porta que continha o plutônio, o que é muito apropriado.

Depois que a coisa explodiu e todo mundo ouviu falar, houve uma empolgação tremenda em Los Alamos. Todo mundo deu festas, todo mundo corria de um lado para o outro. Fiquei sentado na traseira de um jipe, batendo tambor e coisa e tal. A não ser um homem, pelo que me lembro. Foi Bob Wilson, o que me levou pra lá no comecinho. Ele estava lá sentado, aparvalhado. Perguntei: "Por que você está assim?" Ele respondeu: "Foi uma coisa terrível que fizemos." Eu disse: "Mas você começou, você nos trouxe pra cá." Sabe, o que me aconteceu, o que aconteceu a todos nós, foi que a gente *começou* por uma boa razão, mas quando a gente trabalha muito para conseguir uma coisa, vira um prazer, vira empolgação. E a gente para de pensar, sabe, simplesmente para. Depois que pensou no começo, a gente simplesmente para. E ele foi o único que ainda estava pensando naquele momento específico. Voltei à civilização pouco depois disso e fui dar aulas em Cornell, e minha primeira impressão foi estranhíssima, e não consigo mais entender, mas senti isso muito forte na época. Eu me sentava num restaurante em Nova York, por exemplo, e olhava os prédios, e pensava: a que distância, sabe, qual era o raio dos danos da bomba de Hiroshima e coisa e tal. Que distância havia entre aqui e a Rua 34? Todos aqueles prédios, todos esmagados e coisa e tal. Fiquei com uma sensação estranhíssima. Eu saía andando e via gente construindo uma ponte. Ou fazendo uma estrada nova, e eu pensava: que *malucos*, eles não entendem, eles simplesmente não entendem.

Por que estão fazendo coisas novas se é tão inútil? Felizmente, já é inútil há trinta anos, não é? Quase isso, talvez a gente chegue aos trinta anos. Então estou errado há trinta anos sobre ser inútil fazer pontes, e ainda bem que essas outras pessoas conseguiram ir adiante. Mas minha primeira reação, depois que terminei aquilo, foi a de que era inútil fazer qualquer coisa. Muito obrigado.

Pergunta: E a sua história sobre um cofre?

Feynman: Bom, há muitas histórias sobre cofres. Se me derem dez minutos, conto três histórias sobre cofres. Tudo bem? Minha motivação para abrir o arquivo, arrombar o cadeado, se tornou um interesse na segurança da coisa toda. Alguém me explicara como arrombar cadeados. Então eles arranjaram arquivos com combinação de cofre. Uma de minha doenças, uma de minhas coisas na vida é tentar desfazer tudo o que é secreto. E assim aqueles cadeados daqueles arquivos, feitos pela Mosler Lock Company, onde a gente punha nossos documentos depois – todo mundo tinha um deles –, pra mim eles eram um desafio. De que jeito abrir aquilo?! E trabalhei e trabalhei neles. Tem histórias de todo tipo sobre como sentir os números e escutar coisas e tal. É verdade; entendo isso muito bem, cofres à moda antiga. Eles tinham um projeto novo, e nada encostava nas rodas enquanto a gente tentava. Não vou entrar em detalhes técnicos, mas nenhum dos métodos antigos funcionava. Li livros de chaveiros, e eles sempre dizem no começo como abrem as fechaduras, a grande coisa, a mulher está debaixo d'água, o cofre está debaixo d'água, a mulher está se afogando ou coisa assim, e ele abriu o cofre. Não sei, uma história maluca. Então no fim eles contam como fazem e não dizem nada sensato; parece que ninguém conseguiria abrir cofres daquele jeito. Como *adivinhar* a combinação com base na psicologia do dono do cofre! E sempre imaginei que eles manteriam em segredo. Seja como for, continuei trabalhando. E assim, como um tipo de doença, continuei trabalhando com isso até que descobri umas coisas novas. Primeiro, descobri até que ponto a gente tem de ir para abrir a combinação, até que ponto a gente tem de chegar perto. E aí inventei um sistema para tentar todas as combinações que a gente tem de tentar. Oito mil, no caso, porque a gente tem de estar dois a mais ou a menos de cada número. Então acontece que é cada quinto número em cento e vinte mil [...] oito mil combinações. Então elaborei um esquema para experimentar os números sem alterar o número que já marquei, movendo direito as rodinhas, para conseguir isso em oito horas, experimentando todas as combinações. Então descobri mais ainda que – isso me custou uns dois anos de pesquisa – eu não tinha nada pra fazer lá, entende, e estava inquieto – finalmente descobri um jeito fácil para pegar os números, os dois últimos números da combinação do cofre, se o cofre estivesse aberto. Quando a gaveta estava aberta, dava pra rodar o número e ver o ferrolho subir e brincar e descobrir o que provocava aquilo, que número faz voltar e coisas assim. Com um truquezinho, dá pra pegar a combinação. E eu ficava treinando que nem o cara que faz truques com cartas, sabe, o tempo todo, o tempo todo. Mais rápido e mais rápido e mais discretamente. Eu entrava e conversava com alguém e meio que me encostava no arquivo, como estou brincando agora com esse relógio; ninguém nem nota que estou fazendo alguma coisa. Não estou fazendo nada. Eu só brincava com o mostrador, só isso, só brincava com o mostrador. Mas eu estava descobrindo os dois números! Aí eu volto à minha sala e escrevo os dois números. Os dois últimos números dos três. Agora, se a gente tem os dois últimos números, basta um minuto para experimentar o primeiro; são só vinte possibilidades, e abre. OK?

Então fiquei com uma excelente reputação de arrombador de cofres. Eles me diziam:

– O Sr. Schmultz viajou, precisamos de um documento do cofre dele. Você pode abrir?

E eu dizia:

– Claro, posso sim; mas preciso pegar minhas ferramentas. – (Eu não precisava de ferramenta nenhuma.)

Vou à minha sala e olho o número do cofre dele. Eu tinha os dois últimos números. Eu tinha os números de todo mundo na minha sala. Ponho uma chave de fenda no bolso de trás, para fingir que era a ferramenta que eu disse que precisava. Volto pra sala e fecho a porta. A atitude é que esse negócio de abrir cofres não é uma coisa que todo mundo deva saber, porque deixa tudo muito inseguro, é muito perigoso se todo mundo souber fazer isso. Aí fecho a porta, me sento e leio uma revista ou faço alguma coisa. Fico uns vinte minutos sem fazer nada, e aí abro, sabe, bom, eu abria logo para ver se estava tudo certo, e aí eu ficava ali sentado uns vinte minutos, para ganhar uma boa reputação de que não era fácil demais, que não havia truque nenhum, truque nenhum. E aí eu saía, sabe, suando um pouquinho, e dizia:

– Está aberto. Lá está – e coisa e tal. OK?

Também, num certo momento, abri um cofre por puro acaso, e isso ajudou a reforçar minha fama. Foi uma sensação, foi pura sorte, o mesmo tipo de sorte que tive com as plantas baixas. Mas depois que a guerra acabou... tenho de contar essas histórias agora a vocês porque depois que a guerra acabou voltei a Los Alamos para terminar alguns artigos, e lá abri alguns cofres que... Eu poderia escrever um livro para arrombadores *melhor* do que todos os livros de arrombadores. No começo explicaria como abri, totalmente a frio e sem conhecer a combinação, o cofre que continha *mais* coisas secretas do que todos os cofres que já foram arrombados. Abri o cofre que continha lá dentro o segredo da bomba atômica, *todos* os segredos, as fórmulas, as taxas de liberação de nêutrons do urânio, quanto urânio é necessário para fazer uma bomba, todas as teorias, todos os cálculos, A DROGA DA COISA TODA!

E eis como foi feito, tudo bem? Eu tentava escrever um relatório. Precisava desse relatório. Era sábado; achei que todo mundo trabalhava. Achei que Los Alamos era como *antigamente*. E desci para pegar na biblioteca. A biblioteca de Los Alamos tinha todos esses documentos. Havia uma grande caixa-forte com uma grande trava de um tipo diferente que eu não conhecia. Arquivos eu entendia, mas só era especialista em arquivos. Além disso, havia guardas andando de um outro lado na frente, com armas. Não dá para abrir aquele, OK? Mas aí pensei: espere! O velho Freddy DeHoffman da seção de sigilo é encarregado de abrir o sigilo dos documentos. Que documentos agora poderiam perder o sigilo? E ele tinha de descer à biblioteca e voltar com tanta frequência que se cansou e teve uma ideia brilhante. Ele faria uma cópia de todos os documentos da biblioteca de Los Alamos. E ele guardava isso em seu arquivo, ele tinha *nove* arquivos, um ao lado do outro em duas salas, *cheios* de todos os documentos de Los Alamos, e eu sabia que ele tinha aquele. Então vou até DeHoffman e peço os documentos emprestados a ele, ele tem uma cópia. E fui até a sala dele. A porta da sala está aberta. Parece que ele vai voltar, a luz está acesa; parece que ele vai voltar logo, logo. E espero. E como sempre, quando estou esperando, brinco com as rodinhas. Tentei 10-20-30, não funcionou. Tentei 20-40-60, não funcionou. Tentei tudo. Estou esperando sem nada para fazer. Então começo a pensar, sabe, aqueles chaveiros, nunca consegui descobrir como arrombar com inteligência. Talvez nem eles, talvez tudo o que eles ficam me dizendo sobre psicologia esteja certo. Vou tentar abrir este aqui com psicologia. Primeira coisa, o livro diz: "A secretária fica nervosa, com medo de esquecer a combinação." Disseram a ela a combinação. Ela pode esquecer e o chefe pode esquecer; ela tem de saber. Então, nervosa, ela escreve em algum lugar. Onde? Uma lista de lugares onde uma secretária pode escrever combinações. OK? Começa com, quanta esperteza, começa direto com... você abre a gaveta e na madeira, na lateral da gaveta, por fora, há um número escrito à toa, como se fosse o número de uma nota fiscal. Essa é a combinação. Portanto: está na lateral da mesa. OK? Eu me lembrava disso, está no livro. A gaveta está trancada, abro a fechadura facinho, abri a fechadura na hora, abro a gaveta, olho a madeira... nada. Tudo bem, tudo bem. Tem um monte de papel na gaveta. Pesco em meio aos papéis e finalmente encontro, um papelzinho bonitinho com o alfabeto grego. Alfa, beta, gama, delta e coisa e tal, muito bem impresso. As secretárias têm de saber fazer essas letras e o nome delas quando falam sobre elas, certo? E todas elas tinham, todas elas tinham uma cópia dessa coisa. Mas no alto, rabiscado à toa, está: π é igual a 3,14159. Bom, pra que ela precisa do valor numérico de π se ela não vai calcular nada? Então vou até o arquivo. Isso é honesto, não é? É só igual ao livro. Só estou lhes contando como aconteceu. Vou até o arquivo. 31-41-59. Não abre. 13-14-95: não abre. 95-14-13: não abre. 14-31, vinte minutos, estou virando π de cabeça para baixo. Nada acontece. Então começo a sair da sala e me lembro do livro sobre psicologia e digo: sabe, é verdade. Psicologicamente estou certo. DeHoffman é *exatamente* o tipo de sujeito que usaria uma constante matemática como combinação do cofre. E a outra constante matemática importante é *e*. E volto ao arquivo. 27-18-28, clique, cloque, abre. Verifiquei, aliás, que *todas* as combinações eram iguais. Bom, há mais um monte de histórias sobre isso, mas está ficando tarde e essa é uma das boas, então vamos ficar por aqui.

4. Qual é e qual deveria ser o papel da cultura científica na sociedade moderna

Eis aqui uma palestra que Feynman fez para cientistas no Simpósio Galileu, na Itália, em 1964. Com agradecimentos e referências frequentes à grande obra e à intensa angústia de Galileu, Feynman fala do efeito da ciência sobre a religião e a filosofia, e alerta que nossa capacidade de duvidar é que determinará o futuro da civilização.

Sou o professor Feynman, apesar deste paletó. Geralmente dou aulas em mangas de camisa, mas quando saí do hotel, hoje de manhã, minha mulher me disse:

– Você devia ir de terno.

Retruquei:

– Mas sempre dou aula em mangas de camisa.

Ela insistiu:

– É, mas dessa vez você não entende nada do que vai falar, e é melhor causar boa impressão...

Então peguei o paletó.

Vou falar sobre o tópico que o professor Bernardini[1] me passou. Gostaria de dizer, bem no comecinho, que, na minha opinião, encontrar o lugar certo da cultura científica na sociedade moderna não é resolver os problemas da sociedade moderna. Há um grande número de problemas que não têm muito a ver com a posição da ciência na sociedade, e é sonho pensar que simplesmente decidir um aspecto de como a ciência e a sociedade deveriam se ajustar idealmente vai, de um jeito ou de outro, resolver todos os problemas. Portanto, entendam que, embora eu sugira algumas modificações do relacionamento, não espero que essas modificações sejam a solução dos problemas da sociedade.

Esta sociedade moderna parece estar sofrendo algumas ameaças graves, e aquela em que eu gostaria de me concentrar e que, na verdade, será o tema central, embora haja um monte de teminhas secundários, o tema central de minha discussão é que acredito que um dos maiores perigos para a sociedade moderna é o possível ressurgimento e expansão das ideias de controle do pensamento; ideias como as que Hitler teve, ou Stalin no seu tempo, ou a religião católica na Idade Média, ou os chineses hoje. Acho que um dos maiores perigos é que isso aumente até englobar o mundo inteiro.

Agora, para discutir a relação entre a ciência e a cultura científica da sociedade, a primeira coisa que surge imediatamente em minha cabeça é, claro, o mais óbvio, que é a aplicação da ciência. As aplicações também são cultura. No entanto, não vou falar das aplicações, mas não por nenhuma boa razão. Avalio que todas as discussões populares do assunto da relação entre ciência e sociedade giram quase completamente em torno das aplicações. Além disso, as questões morais que os cientistas têm com o tipo de trabalho que fazem também costumam envolver as aplicações. Ainda assim, não

1 Presidente da conferência.

vou falar delas, porque há vários outros itens que muita gente não cita, e assim, para ficar mais divertido, gostaria de falar numa direção um pouco diferente.

Mas vou dizer, sobre as aplicações, que, como todos vocês avaliam, a ciência cria poder com seu conhecimento, o poder de fazer coisas: a gente é capaz de fazer coisas depois que conhece a coisa cientificamente. Mas, junto desse poder, a ciência não dá instruções de como fazer o bem e não fazer o mal. Vamos explicar de um jeito muito simples: esse poder não vem com instruções, e, em essência, a questão de aplicar ou não a ciência é o problema de organizar as aplicações de um jeito que não prejudique muito e faça o maior bem possível. Mas é claro que, às vezes, tem gente na ciência que tenta dizer que a responsabilidade não é deles, porque a aplicação é apenas o poder de fazer; é independente do que se faz com aquilo. Mas sem dúvida, em certo sentido, é verdade que provavelmente seria bom criar para a humanidade o poder de controlar isso, apesar da dificuldade de imaginar um jeito de controlar o poder para fazer o bem em vez do mal.

Devo dizer também que, embora muitos aqui sejam físicos e a maioria pense nos problemas graves da sociedade em termos da Física, acredito com bastante certeza que a próxima ciência a se ver em dificuldades morais com suas aplicações será a Biologia, e se os problemas da Física em relação à ciência parecem complicados, os problemas do desenvolvimento do conhecimento biológico serão fantásticos. Essas possibilidades foram insinuadas, por exemplo, no livro *Admirável Mundo Novo*, de Huxley, mas a gente pode pensar em várias coisas. Por exemplo, se no futuro distante a energia puder ser obtida de forma fácil e gratuita pela Física, então é pura questão de química juntar os átomos de maneira a produzir comida com a energia que os átomos conservaram, e produzir tanta comida quanto os dejetos dos seres humanos; e aí, portanto, haverá conservação do material e nenhum problema alimentar. Haverá problemas sociais graves quando descobrirmos como controlar a hereditariedade e que tipo de controle usar, para o bem ou para o mal. Suponhamos que a gente descobrisse a base fisiológica da felicidade ou de outros sentimentos, como o de ambição, e suponhamos que conseguíssemos controlar quando alguém se sente ambicioso ou não. E, finalmente, há a morte.

Uma das coisas mais notáveis de todas as ciências biológicas é que não se tem nenhuma explicação para a necessidade da morte. Se alguém disser que queremos fazer o moto-perpétuo, já descobrimos leis suficientes no estudo da física para ver que é absolutamente impossível, caso contrário as leis estão erradas. Mas ainda não se encontrou nada na biologia que indique a inevitabilidade da morte. Isso me sugere que na verdade ela não é inevitável, e que é apenas questão de tempo para que os biólogos descubram o que está causando o problema e que essa terrível doença universal ou temporariedade do corpo humano seja curada. Seja como for, dá para ver que haverá problemas de magnitude fantástica vindos da biologia.

Agora vou falar em outra direção.

Além das aplicações, há ideias, e as ideias são de dois tipos. Um deles é produto da própria ciência, isto é, uma visão de mundo que a ciência produz. De certa maneira, essa é a parte mais bonita da coisa toda. Há quem ache que não, que os métodos da ciência é que são o mais importante. Bom, depende de você gostar dos fins ou dos meios, mas os meios deveriam produzir fins maravilhosos, e não vou chatear vocês (quer dizer, não vou chatear vocês se conseguir fazer tudo direitinho) com os detalhes. Mas todo mundo aqui sabe alguma coisa sobre as maravilhas da ciência; não estou falando com uma plateia popular, por isso não vou tentar entusiasmar vocês mais uma vez com os fatos do mundo: o fato de sermos todos feitos de átomos, a imensa extensão de tempo e espaço que existe, nossa posição histórica em consequência de uma série extraordinária de evoluções. Nossa posição na sequência evolucionária; e mais ainda, o aspecto mais extraordinário de nossa visão de mundo científica é sua universalidade, no sentido de que, embora digamos que somos especialistas, na verdade não somos. Uma das hipóteses mais promissoras de toda a biologia é que tudo que os animais ou que criaturas vivas fazem pode ser entendido em termos do que os átomos fazem, em termos de leis físicas, em última análise, e a atenção perpétua a essa possibilidade – até agora nenhuma exceção foi demonstrada – deu várias e várias sugestões sobre como os mecanismos realmente ocorrem. E o fato de nosso conhecimento ser mesmo universal é uma coisa que não é completamente apreciada, que a posição das teorias é tão completa que caçamos exceções e vemos que são muito difíceis de encontrar, pelo menos na Física, e o custo alto de todas essas máquinas e coisa e tal é achar alguma exceção ao que já se sabe. Fora isso, esse é outro aspecto do fato de que o mundo é maravilhoso, no sentido de que as estrelas são feitas com os mesmos átomos das vacas, de nós e das pedras.

De vez em quando, todos tentamos transmitir a nossos amigos não cientistas essa visão de mundo, e é comum haver dificuldade, porque a gente se confunde quando tenta explicar as questões mais recentes, como o significado da conservação da paridade[2] quando eles não sabem nada sobre as coisas mais preliminares. Durante quatrocentos anos, desde Galileu, reunimos informações sobre o mundo que eles não conhecem. Agora estamos trabalhando numa coisa bem distante, no limite do conhecimento científico. E as coisas que saem no jornal e parecem empolgar a imaginação dos adultos

---

2 Conservação de carga e paridade, uma das leis de conservação fundamentais da física, que diz que a carga elétrica total e a paridade (uma propriedade de simetria intrínseca das partículas subatômicas) que entram numa interação serão iguais às que saem dessa interação.

são sempre aquelas coisas que eles não conseguem mesmo entender, porque não aprenderam nadica de nada das coisas muito mais interessantes e mais conhecidas [pelos cientistas] que o mundo já descobriu. Não é o caso das crianças, graças a Deus, por algum tempo... pelo menos até se tornarem adultas.

Estou dizendo, e acho que todos vocês devem saber por experiência, que as pessoas – estou falando da média das pessoas, da grande maioria das pessoas, a enorme maioria das pessoas – são infelizmente, lamentavelmente, absolutamente ignorantes da ciência do mundo em que vivem, e podem ficar assim mesmo. Não estou dizendo que se danem. Estou dizendo que são capazes de ficar assim sem se preocupar nem um pouquinho, ou só um pouquinho, e de vez em quando, caso vejam a conservação da paridade ser citada no jornal, eles perguntam o que é. E uma questão interessante da relação entre a ciência e a sociedade moderna é exatamente essa: por que é possível o povo permanecer ignorante de uma forma tão lamentável, mas mesmo assim bastante feliz na sociedade moderna, quando há tanto conhecimento que não está à sua disposição?

Aliás, sobre conhecimento e maravilhamento, o Sr. Bernardini disse que não ensinamos maravilhas, mas conhecimento.

Pode haver diferença no significado das palavras. Acho que deveríamos lhes ensinar maravilhas, e que o propósito do conhecimento é apreciar as maravilhas ainda mais. E que o conhecimento serve exatamente para pôr na moldura correta a maravilha que é a natureza. No entanto, provavelmente ele concordaria que apenas troquei algumas palavras de lugar e que o significado se filtrou na conversa. Seja como for, quero responder por que o povo consegue se manter tão lamentavelmente ignorante e não se meter em encrenca na sociedade moderna. A resposta é que a ciência é irrelevante. E vou explicar o que quero dizer daqui a um minutinho.

Não é que tenha de ser, mas que deixamos que seja irrelevante para a sociedade. Voltarei a essa questão.

Os outros aspectos da ciência que são importantes e que têm algum problema na relação com a sociedade, além das aplicações e dos fatos reais que são descobertos, são as ideias e as técnicas da investigação científica: os meios, se preferirem. Porque acho difícil entender por que a descoberta desses meios, que parecem tão evidentes e óbvios, não foi feita antes; ideias simples que basta a gente experimentar para ver o que acontece e coisa e tal. Provavelmente é porque a mente humana evoluiu da mente do animal; e evoluiu de um jeito que é como qualquer ferramenta nova, ou seja, tem duas doenças e dificuldades. Tem seus problemas, e um deles é que fica poluída pelas próprias superstições; ela se confunde. E finalmente se fez a descoberta de um jeito de manter a mente assim na linha, para que os cientistas possam fazer um pequeno progresso numa direção em vez de rodar em círculos e se forçar a parar. E acho que, claro, esta é a hora apropriada para discutir esse assunto porque o começo dessa nova descoberta foi na época de Galileu. É claro que todos vocês conhecem essas ideias e técnicas. Só vou dar uma olhada geral; mais uma vez, é uma daquelas coisas que a gente tem de explicar com detalhes para uma plateia leiga; só vou mencionar para vocês avaliarem de maneira mais específica o que estou falando.

A primeira coisa é a questão de avaliar os indícios... bom, na verdade a primeira coisa é que, antes de começar, a gente não deve saber a resposta. Então a gente começa sem saber direito qual é a resposta. Isso é muito importante, importantíssimo, tão importante que gostaria de me demorar nesse aspecto, e de falar sobre isso ainda mais à frente em minha palestra. É a questão da dúvida e da incerteza que é necessária para começar; porque, se a gente já souber a resposta, não há necessidade de reunir nenhum indício sobre ela. Bom, não tendo certeza, a próxima coisa é procurar indícios, e o método científico é começar com experiências. Mas outro jeito importantíssimo que não se deve desprezar e que é fundamental é juntar ideias para tentar impor uma coerência lógica entre as várias coisas que a gente sabe. É valiosíssimo tentar ligar isso que a gente sabe com aquilo que a gente sabe e tentar descobrir se são coerentes. E quanto mais atividade no sentido de tentar juntar ideias de direções diferentes, melhor.

Depois de procurar indícios, a gente tem de avaliar esses indícios. Existem as regras de sempre para avaliar indícios; não está certo escolher só o que a gente gosta, mas pegar todos os indícios, tentar manter alguma objetividade sobre a coisa, o suficiente para manter tudo funcionando, para não depender, no fim das contas, de fontes com autoridade. A autoridade pode ser uma indicação de onde está a verdade, mas não a fonte das informações. Até onde for possível, devemos desdenhar da autoridade sempre que as observações discordarem dela. E, finalmente, o registro dos resultados deveria ser feito de maneira desinteressada. É uma frase engraçadíssima que sempre me incomoda, porque significa que, depois que termina a coisa, o cara não dá a mínima para o resultado, mas a questão não é essa. Aqui, desinteresse significa que o resultado não é comunicado de modo a influenciar o leitor a aceitar uma ideia diferente daquela que os indícios mostram.

E todos vocês avaliam esses vários aspectos.

Agora, tudo isso, todas essas ideias e todas as técnicas estão no espírito de Galileu. O homem cujo aniversário estamos comemorando teve muito a ver com o desenvolvimento, a disseminação e, o mais importante, a demonstração do poder dessas maneiras de ver as coisas. Em qualquer centenário, ou quarto centenário, melhor dizendo, mais cedo ou mais tarde vem aquela sensação: se o homem estivesse aqui agora e a gente lhe mostrasse o mundo, o que ele diria? É claro que vocês vão dizer que isso é cafonice e que não se faz uma coisa dessas numa palestra, mas é isso que vou fazer. Suponhamos que Galileu estivesse aqui e a gente lhe mostrasse o mundo de hoje para que ele ficasse contente, ou para ver o que ele descobre. E a gente lhe contaria as questões de indícios e provas, esses métodos de avaliar as coisas que ele desenvolveu. E a gente ressaltaria que ainda usamos exatamente a mesma tradição, que seguimos essa tradição exatamente, até o detalhe de fazer medições numéricas e usá-las como as melhores ferramentas, pelo menos na Física. E que as ciências se desenvolveram de um jeito muito bom, direto e contínuo desde suas ideias originais, no mesmo espírito que ele desenvolveu. E em consequência não existem mais bruxas nem fantasmas.

Na verdade, eu digo [que o método quantitativo funciona muito bem] na ciência, e que na verdade é quase uma definição de ciência hoje; as ciências com que Galileu se preocupava, a Física, a Mecânica e coisas assim, é claro que se desenvolveram, mas as mesmas técnicas deram certo na Biologia, na História, na Geologia, na Antropologia e coisa e tal. Sabemos muito sobre a história do homem, a história dos animais e da Terra, por meio de técnicas muito semelhantes. Com sucesso meio parecido, mas não tão completo devido às dificuldades, o mesmo sistema funciona na Economia. Mas há lugares onde só se elogiam as formas, onde muita gente só segue os passos no automático. Eu ficaria com vergonha de contar a Galileu, mas na verdade não funciona muito bem, por exemplo, nas Ciências Sociais. Por exemplo, na minha experiência pessoal – como vocês perceberão, há uma quantidade imensa de estudos de métodos de ensino em andamento, principalmente sobre o ensino de aritmética –, se tentarem descobrir o que realmente se sabe sobre a melhor maneira de ensinar aritmética e em que é melhor do que outro jeito, vocês vão ver que há um número enorme de estudos e montes de estatísticas, mas tudo desconectado entre si, e são misturas de casos específicos, experiências não controladas e experiências muito mal controladas, e em consequência há pouquíssima informação.

Agora, finalmente, como eu gostaria de mostrar nosso mundo a Galileu, vou lhe mostrar uma coisa com muita vergonha. Se afastarmos os olhos da ciência e olharmos o mundo em volta, vamos descobrir uma coisa bem lamentável: o ambiente em que vivemos é ativamente, intensamente não científico. Galileu diria: "Notei que Júpiter era uma bola com luas e não um deus no céu. Diga-me, o que aconteceu com os astrólogos?" Bom, eles publicam seus resultados nos jornais, pelo menos nos Estados Unidos, em todos os jornais diários, todos os dias. Por que ainda temos astrólogos? Por que alguém consegue escrever um livro como *Mundos em colisão*, de alguém com o nome começado com V, é um nome russo... Hem? Vininkowski?[3] E como isso se tornou popular? Que bobajada toda é aquela sobre Mary Brody ou coisa assim? Não sei, aquilo foi maluquice. Sempre há alguma maluquice. Há uma quantidade infinita de maluquices, porque, em outras palavras, o ambiente é intensamente e ativamente não científico. Ainda se fala de telepatia, embora esteja acabando. Há muita cura pela fé, por toda parte. Há toda uma religião de cura pela fé. Há um milagre de Lourdes onde acontecem curas. Agora, pode ser verdade que a astrologia acerte. Pode ser verdade que, se você tiver de ir ao dentista no dia em que Marte estiver em ângulo reto com Vênus, seja melhor marcar outro dia. Pode ser verdade que você se cure com o milagre de Lourdes. Mas se for verdade, deveria ser investigado. Por quê? Para melhorar. Se for verdade, talvez a gente consiga descobrir se as estrelas realmente influenciam a vida; talvez a gente consiga tornar o sistema mais poderoso investigando estatisticamente, avaliando os indícios de maneira cien-

---

3 Na verdade, era Immanuel Velikovsky: *Worlds in Collision* (Doubleday, Nova York, 1950).

tífica, objetiva, com mais atenção. Se o processo de cura funciona em Lourdes, a questão é: até que distância do local do milagre tem de ficar a pessoa que está doente? Será mesmo que cometeram um erro e a fila de trás na verdade não dá certo? Ou dá tão certo que há muito espaço para pôr mais gente perto do lugar do milagre? Ou será possível, como no caso dos santos criados recentemente nos Estados Unidos – há um santo que curou leucemia, parece que indiretamente –, que as fitas que tocam o lençol do doente, fitas que antes tocaram alguma relíquia do santo, aumentem a cura da leucemia? A questão é, isso vai se diluindo aos poucos? Vocês podem rir, mas quem acredita na verdade da cura é responsável por investigar, por aumentar sua eficiência e tornar a cura satisfatória, em vez de enganar. Por exemplo, pode acontecer que depois de cem toques ela não funcione mais. Agora, também é possível que o resultado dessa investigação tenha outras consequências, ou seja, que não haja nada lá.

E outra coisa que me incomoda, como posso também mencionar, são as coisas que os teólogos dos tempos modernos discutem sem se envergonhar. Há muitas coisas que eles discutem que não precisam envergonhar ninguém, mas algumas coisas que aparecem nas conferências sobre religião e as decisões que têm de ser tomadas são ridículas nos dias de hoje. Gostaria de explicar que uma das dificuldades, e uma das razões para isso continuar, é que ninguém percebe que uma modificação profunda de nossa visão de mundo resultaria se apenas um exemplo de uma dessas coisas realmente funcionasse. A ideia como um todo, se a gente conseguisse estabelecer a verdade, não da ideia toda da astrologia, mas só de um itenzinho pequeno, poderia ter uma influência fantástica sobre nosso entendimento do mundo. E assim a razão para a gente rir um pouquinho é que temos tanta confiança em nossa visão de mundo que temos certeza de que isso não contribuiria em nada. Por outro lado, por que não nos livramos disso? Vou falar por que não nos livramos disso agorinha mesmo, porque a ciência é irrelevante [para a astrologia], como já disse.

Agora vou mencionar mais uma coisa que é um pouco mais duvidosa, mas ainda assim acredito que, na avaliação dos indícios, na divulgação dos indícios e coisa e tal, há um tipo de responsabilidade que os cientistas sentem em relação uns aos outros que a gente pode descrever como um tipo de moralidade. Qual é o jeito certo e o jeito errado de divulgar resultados? De forma desinteressada, para que os outros fiquem livres para entender exatamente o que a gente está dizendo, e, o máximo possível, não encobrir nada com nosso desejo. Que isso seja útil, que seja uma coisa que ajuda cada um de nós a nos entender e, na verdade, a nos desenvolver de um modo que não seja de nosso interesse pessoal, mas que ajude o desenvolvimento geral das ideias, é uma coisa valiosíssima. E portanto, por assim dizer, existe um tipo de moralidade científica. Acredito, irremediavelmente, que essa moralidade deveria se estender muito mais; essa ideia, esse tipo de moralidade científica, de que coisas como propaganda deveriam ser palavrões. Que a descrição de um país feita pelo povo de outro país deveria descrever esse outro país de maneira desinteressada. Que milagre! É pior que um milagre de Lourdes! A publicidade, por exemplo, é uma descrição cientificamente imoral dos produtos. A imoralidade é tão extensa e a gente fica tão acostumado com ela na vida comum que nem avalia que é uma coisa ruim. E acho que uma das razões importantes para aumentar o contato dos cientistas com o resto da sociedade é explicar, e meio que despertar todo mundo para esse atrito permanente da inteligência da mente, que vem de não ter informações ou (não) ter informações de uma forma que seja interessante.

Há outras coisas em que os métodos científicos teriam alguma valia; são perfeitamente óbvias, mas são cada vez mais difíceis de discutir. Coisas como tomar decisões. Não quero dizer que devesse ser feito cientificamente, como nos Estados Unidos, em que a Rand Company se senta e faz contas aritméticas. Isso me lembra meus dias no segundo ano da faculdade em que, discutindo as mulheres, a gente descobriu que, se usasse terminologia elétrica – impedância, relutância, resistência – dava para ter um entendimento mais profundo da situação. A outra coisa que dá arrepios ao homem científico no mundo de hoje são os métodos de escolher líderes, em todos os países. Hoje, por exemplo, nos Estados Unidos, os dois partidos políticos decidiram contratar relações públicas, isto é, homens da publicidade, treinados nos métodos necessários para dizer a verdade e mentir para desenvolver um produto. Essa não era a ideia original. Eles deveriam discutir situações e não só inventar *slogans*. Mas é verdade que, se a gente olha a história, em muitas ocasiões a escolha de líderes políticos nos Estados Unidos se baseou em *slogans*. (Tenho certeza de que hoje todos os partidos têm contas bancárias de milhões de dólares e que vão surgir alguns *slogans* muito inteligentes.) Mas não consigo fazer um resumo de tudo isso agora.

Eu continuei dizendo que a ciência era irrelevante. Isso soa estranho e gostaria de voltar a esse tema. É claro que é relevante, por causa do fato de ser relevante para a astrologia; porque quem entende o mundo do jeito que entendemos não consegue entender como os fenômenos astrológicos podem ocorrer. Portanto, isso é relevante. Mas para quem acredita em astrologia não há relevância, porque o cientista nunca se dá ao trabalho de discutir com eles. Quem acredita na cura pela fé não precisa se preocupar nem um pouquinho com a ciência, porque ninguém discute com eles. Para quem não tem vontade, não é obrigatório aprender ciência. E dá para esquecer a coisa toda quando há tensão mental demais, como costuma acontecer. Por que dá para esquecer a coisa toda? Porque não fazemos nada para impedir. Acredito que temos de atacar essas coisas em que a gente não acredita. Não atacar com o método de cortar a cabeça dos outros, mas atacar no sentido de discutir. Acredito que a gente deveria exigir que os outros tentassem obter para si, dentro da cabeça, um quadro mais coerente de seu mundo; que não se dessem ao luxo de ter o cérebro cortado em quatro partes, ou mesmo duas, e de um lado acreditam nisso, do outro acreditam naquilo, mas nunca tentam comparar os dois pontos de vista. Porque a gente aprendeu que, quando se tenta juntar os pontos de vista que a gente tem na cabeça e comparar uns com os outros, a gente faz algum progresso no entendimento e na avaliação de onde estamos e do que somos. E acredito que a ciência permaneceu irrelevante porque esperamos alguém fazer uma pergunta ou nos convidar a fazer uma palestra sobre a teoria de Einstein para quem não entende a mecânica newtoniana, mas ninguém nos convida para atacar a cura pela fé ou a astrologia – a atacar qual é a visão científica da astrologia hoje.

Acho que, principalmente, a gente deveria escrever uns artigos. E aí, o que aconteceria? Quem acredita em astrologia terá de aprender um pouco de astronomia. Quem acredita na cura pela fé pode ter de aprender um pouco de medicina, por causa dos argumentos indo e vindo; e um pouco de biologia. Em outras palavras, será necessário que a ciência se torne relevante. A observação que li em algum lugar, de que a ciência é ótima desde que não ataque a religião, foi a pista de que precisei para entender o problema. Enquanto não atacar a religião, não é preciso prestar atenção nela e ninguém tem de aprender nada. Portanto, ela pode ser excluída da sociedade moderna, a não ser pelas aplicações, e portanto ficar isolada. E aí temos essa luta terrível para explicar as coisas a quem não tem razão nenhuma para querer saber. Mas se quiserem defender seu ponto de vista, eles terão de aprender um pouquinho do nosso. E sugiro, talvez incorretamente, talvez erradamente, que somos bem educados demais. Houve no passado uma época de conversas sobre essas questões. A Igreja achou que as opiniões de Galileu atacavam a Igreja. A Igreja de hoje não acha que as opiniões científicas atacam a Igreja. Ninguém se preocupa com isso. Ninguém ataca; quero dizer, ninguém escreve tentando explicar as incoerências entre as opiniões teológicas e as opiniões científicas defendidas por várias pessoas hoje, nem mesmo as incoerências que existem às vezes no mesmo cientista entre a crença religiosa e a crença científica.

Agora o próximo tema, e o último tema principal de que quero falar, é aquele que realmente considero o mais importante e o mais grave, e que tem a ver com a questão da incerteza e da dúvida. O cientista nunca tem certeza. Todos sabemos disso. Sabemos que todas as nossas afirmativas são afirmativas aproximadas com vários graus de certeza; que quando se faz uma afirmativa, a questão não é se ela é verdadeira ou falsa, mas qual é a probabilidade de ser verdadeira ou falsa. "Deus existe?" "Quando em forma de pergunta, qual a probabilidade?" É uma transformação muito apavorante do ponto de vista religioso, e é por isso que o ponto de vista religioso não é científico. Temos de discutir cada questão dentro das incertezas permitidas. E com o aumento dos indícios, aumenta ou diminui a probabilidade de que talvez alguma ideia esteja certa. Mas nunca fica absolutamente certo, nem de um jeito, nem de outro. Agora, descobrimos que isso tem suma importância para haver progresso. Definitivamente, temos de deixar espaço para dúvidas, senão não há progresso nem aprendizado. Não há aprendizado sem que se tenha de fazer perguntas e a pergunta exige a dúvida. Todos buscam a certeza, mas *não existe* certeza. As pessoas ficam apavoradas: como você consegue viver *sem saber*? Não tem nada de esquisito. A gente só acha que sabe, na verdade. E a maioria das ações se baseia em conhecimento incompleto, e a gente realmente não sabe o que está por trás, nem qual é o propósito do mundo, nem sabe muito sobre as outras coisas. É possível viver e não saber.

Agora, a liberdade de duvidar, que é absolutamente essencial para o desenvolvimento da ciência, nasceu da luta com as autoridades constituídas da época, que tinham solução para todos os problemas, ou seja, a Igreja. Galileu é um símbolo dessa luta, um dos lutadores mais importantes. E, embora aparentemente Galileu tenha sido forçado a se retratar, ninguém leva a confissão a sério. Não achamos que deveríamos seguir Galileu desse jeito e que todo mundo devesse se retratar. Na verdade, consideramos a retratação uma tolice – que a Igreja pedisse uma tolice dessas que vemos várias e várias vezes; e nos solidarizamos com Galileu, assim como nos solidarizamos com os músicos e artistas da União Soviética que tiveram de se retratar, e felizmente parece que são cada vez menos hoje em dia. Mas a retratação é uma coisa sem sentido, por mais esperta que seja sua organização. É perfeitamente óbvio, para quem está de fora, que não é para ser levada a sério, e que a retratação de Galileu não é algo que a gente precise discutir como se demonstrasse alguma coisa sobre Galileu, a não ser que, talvez, ele estivesse velho e a Igreja fosse poderosíssima. O fato de Galileu estar certo não é essencial nessa discussão. O fato de que estavam tentando suprimi-lo, é claro que é.

Todo mundo se entristece quando olha o mundo e vê como realizamos pouco se compararmos com a potencialidade que sentimos nos seres humanos. No passado, no pesadelo de sua época, todos tinham sonhos para o futuro. E agora que o futuro se concretizou, vemos que, de várias maneiras, os sonhos foram ultrapassados, mas em mais maneiras ainda muitos sonhos nossos de hoje são os mesmos das pessoas do passado. No passado, havia muito entusiasmo por um método ou outro de resolver problemas. Um deles era que a educação deveria se tornar universal, porque aí todos os homens se tornariam Voltaires, e aí tudo se endireitaria. Provavelmente a educação universal é uma coisa boa, mas tanto se pode ensinar o mal quanto o bem; é possível ensinar falsidades e verdades. A comunicação entre os países, que evolui com o desenvolvimento técnico da ciência, deveria, sem dúvida, melhorar as relações entre os países. Ora, isso depende do que é comunicado. A gente pode transmitir verdades e pode transmitir mentiras. Pode transmitir ameaças ou gentilezas. Havia muita esperança de que a ciência aplicada libertasse o homem do esforço físico, e principalmente na medicina, por exemplo, parece que tudo é para o bem. É, mas enquanto a gente fica aqui falando há cientistas trabalhando escondidos em laboratórios secretos, tentando desenvolver, da melhor forma possível, doenças que os outros não conseguem curar. Talvez hoje tenhamos o sonho de que a saciedade econômica de todos os homens será a solução do problema. Quer dizer, todo mundo deveria ter o suficiente. É claro que não quero dizer que a gente não deva tentar. Não quero dizer, com o que estou falando, que a gente não deva educar, ou não deva se comunicar, ou não deva produzir a saciedade econômica. Mas que essa seja a solução, por si só, de todos os problemas, é questionável. Porque, naqueles lugares onde há um certo grau de saciedade econômica, temos toda uma série de problemas novos, ou provavelmente problemas antigos que só parecem um pouco diferentes porque, por acaso, conhecemos bastante a história.

Então, hoje não estamos em situação muito boa, não vemos muito bem o que fizemos. Homens, filósofos de todas as eras, tentaram encontrar o segredo da existência, o significado de tudo. Porque, se conseguissem encontrar o real significado da vida, então todo esforço humano, todo esse potencial maravilhoso dos seres humanos, poderia se deslocar na direção certa e avançaríamos com grande sucesso. Portanto, experimentamos essas diversas ideias. Mas a questão do significado do mundo inteiro, da vida e dos seres humanos e coisa e tal, foi respondida muitíssimas vezes por muitíssimas pessoas. Infelizmente, as respostas são todas diferentes; e quem tem uma resposta vê com horror as ações e o comportamento de quem tem outra resposta. Horror porque veem as coisas terríveis que são feitas; o jeito que o homem está sendo empurrado para um beco sem saída por sua visão rígida do significado do mundo. Na verdade, talvez seja realmente pelo tamanho fantástico do horror que fique claro como é grande o potencial dos seres humanos, e é possível que seja isso que nos faz ter esperança de que, se conseguíssemos andar na direção certa, tudo seria muito melhor.

Então qual é o significado do mundo inteiro? Não sabemos qual é o significado da existência. Achamos, depois de estudar todas as opiniões que já tivemos, que não sabemos o significado da existência; mas ao dizer que não sabemos o significado da existência, provavelmente descobrimos o canal aberto; se simplesmente deixarmos que, ao avançar, a oportunidade de alternativas fique aberta, que a gente não se entusiasme com o fato, o conhecimento, a verdade absoluta, mas permaneça na incerteza, pode ser que a gente "tope com isso". Os ingleses, que desenvolveram seu governo nessa direção, chamam isso de "*muddling through*", avançar pela confusão, e embora seja uma coisa que soa bem boba e estúpida, é o jeito mais científico de avançar. Escolher a resposta não é científico. Para avançar, é preciso deixar entreaberta a porta do desconhecido – só entreaberta. Estamos apenas no começo do desenvolvimento da raça humana; do desenvolvimento da mente humana, da vida inteligente. Temos anos e anos de futuro. Nossa responsabilidade é não dar hoje a resposta do que tudo isso significa, não pôr todo mundo nessa direção e dizer: "Eis a solução de tudo." Porque aí ficaremos acorrentados aos limites de nossa imaginação atual. Só seremos capazes de fazer as coisas que hoje achamos que são o que temos de fazer. Só que, se sempre deixarmos algum espaço para dúvidas, algum espaço para discussões, e avançarmos de um jeito análogo ao das ciências, essa dificuldade não vai surgir. Portanto, acredito que, embora não seja o caso hoje, algum dia pode vir uma época, espero, em que seja totalmente valorizado que o poder do governo tenha de ser limitado; que os governos não devam ter o poder de decidir a validade das teorias científicas, que é uma coisa ridícula eles tentarem isso; que não devem decidir as várias descrições da História, nem da Teoria Econômica, nem da Filosofia. Só dessa maneira as possibilidades reais da futura raça humana finalmente se desenvolverão.

5. Há muito espaço no fundo

Nessa famosa palestra de 29 de dezembro de 1959, feita no CalTech à Sociedade Física Americana, Feynman, o "pai da nanotecnologia", esclarece, décadas à frente de seu tempo, o futuro da miniaturização: como pôr toda a Encyclopædia Britannica *na cabeça de um alfinete, a redução drástica do tamanho de objetos biológicos e inanimados e o problema de lubrificar máquinas menores do que o ponto no final desta frase. Feynman faz sua famosa aposta e desafia jovens cientistas a construírem um motor que funcione com, no máximo, 1/64 avos de polegada (aproximadamente 0,4 mm) em todas as dimensões.*

Convite para entrar num novo ramo da Física

Imagino que físicos experimentais devam olhar com inveja homens como Kamerlingh-Onnes[1], que descobriu um campo, como o das baixas temperaturas, que parece sem fundo e no qual

1 Heike Kamerlingh-Onnes (1853-1926), ganhador do Prêmio Nobel de Física

se pode mergulhar sem parar. Um homem desses então vira líder e detém o monopólio temporário de uma aventura científica. Percy Bridgman[2], quando projetou um modo de obter pressões mais altas, abriu outro campo novo e conseguiu passar para ele e liderar todos nós. O desenvolvimento de um vácuo ainda mais perfeito foi um desenvolvimento contínuo do mesmo tipo.

Gostaria de descrever um campo em que pouco se fez, mas no qual, em princípio, pode-se fazer muitíssimo. Esse campo não é muito igual aos outros porque não nos diz muito sobre a Física fundamental (no sentido de: "O que são as partículas estranhas?"), e se parece mais com a física do estado sólido, no sentido de poder nos dizer muita coisa interessante sobre os estranhos fenômenos que ocorrem em situações complexas. Além disso, uma questão importantíssima é que teria um número enorme de aplicações técnicas.

Quero falar sobre o problema de manipular e controlar coisas em pequena escala.

Assim que menciono isso, todo mundo me fala da miniaturização e até onde ela já progrediu hoje. Falam de motores elétricos do tamanho da unha do dedo mindinho e dizem que no mercado há um aparelho que permite escrever o Pai Nosso na cabeça de um alfinete. Mas isso não é nada; isso é o passo mais primitivo e hesitante na direção que pretendo discutir. O que está no fundo é um mundo absurdamente pequeno. No ano 2000, quando olharem para esta época, vão querer saber por que só em 1960 alguém começou a se deslocar a sério nessa direção.

---

de 1913 por investigar as propriedades da matéria em baixa temperatura, o que levou à produção de hélio líquido.

2 Percy Bridgman (1882-1961), ganhador do Prêmio Nobel de Física de 1946 pela invenção de um aparelho que produz pressões altíssimas e pelo trabalho na física de alta pressão.

Por que não podemos escrever todos os 24 volumes da Encyclopædia Britannica *na cabeça de um alfinete?*

Vejamos o que estaria envolvido. Uma cabeça de alfinete tem 1/16 de polegada [1,5 mm] de diâmetro. Se a gente ampliar isso em 25 mil diâmetros, a área da cabeça de alfinete será igual à área de todas as páginas da *Encyclopædia Britannica*. Portanto, só é preciso reduzir o tamanho de todo o texto da *Encyclopædia* 25 mil vezes. Isso é possível? O poder de resolução do olho é de mais ou menos 0,2 mm – mais ou menos o diâmetro de um dos pontinhos das belas reproduções em meio-tom da *Encyclopædia*. Quando a gente reduz 25 mil vezes, ainda temos 80 ângström[3] de diâmetro – 32 átomos de um metal comum. Em outras palavras, a área de um daqueles pontos ainda conteria uns mil átomos. Portanto, cada ponto pode facilmente ter seu tamanho ajustado como necessário pelo fotolito, e não há dúvida de que há espaço suficiente na cabeça do alfinete para pôr toda a *Encyclopædia Britannica*.

Além disso, ela pode ser lida se for escrita assim. Imaginemos que seja escrita em letras de metal em relevo; isto é, onde estiver o preto na *Encyclopædia*, teremos letras de metal em relevo que, na verdade, têm 1/25.000 de seu tamanho normal. Como ler isso?

Se tivermos alguma coisa escrita desse jeito, podemos ler usando técnicas comuns hoje em dia. (Sem dúvida vão descobrir um jeito melhor quando realmente escrevermos assim, mas para defender meu argumento de forma conservadora, só vou usar técnicas que conhecemos hoje.) Bastaria pressionar o metal num material plástico para fazer um molde, depois descolar o plástico com muito cuidado, vaporizar sílica no plástico para obter uma camada finíssima e depois, para sombrear, vaporizar ouro no silício para todas as letrinhas aparecerem com clareza, dissolver o plástico para tirá-lo da película de silício e depois ler com um microscópio eletrônico!

---

3 Um ângström = um décimo bilionésimo de metro.

Não há dúvida de que, se a coisa fosse reduzida 25 mil vezes sob a forma de letras em relevo no alfinete, seria fácil ler tudo hoje. Além disso, não há dúvida de que seria fácil fazer cópias do original; bastaria pressionar a mesma placa de metal no plástico e teríamos outra cópia.

Como escrever miudinho?

A próxima pergunta é: como *escrever* isso? Não temos padrão técnico para fazer isso agora. Mas argumentemos que não seja tão difícil quanto parece a princípio. Podemos inverter a lente do microscópio eletrônico, tanto para reduzir quanto para ampliar. Uma fonte de íons que passasse pela lente invertida do microscópio poderia se concentrar num ponto muito pequeno. Poderíamos escrever com esse ponto do mesmo modo que escrevemos no osciloscópio de raios catódicos da televisão, traçando linhas com um ajuste que determine a quantidade de material a ser depositado conforme passamos as linhas.

Esse método pode ser muito lento, por causa das limitações de carga no espaço. Haverá métodos mais rápidos. Talvez se pudesse primeiro fazer, com algum processo fotográfico, uma tela que tivesse furos no formato das letras. Então um arco passaria por trás dos furos e sugaria íons metálicos através deles; aí seria possível usar novamente o sistema de lentes e fazer uma imagem pequena na forma dos íons, que se depositariam no metal do alfinete.

Um modo mais simples poderia ser o seguinte (embora eu não tenha certeza de que funcionaria): pegamos a luz e, por um microscópio óptico funcionando ao contrário, concentramos numa tela fotoelétrica bem pequena. Aí saem elétrons da tela onde a luz brilha. Esses elétrons são focalizados num tamanho bem pequeno pelas lentes do microscópio eletrônico para caírem diretamente na superfície do metal. Será que um feixe desses gravaria o metal se durasse tempo suficiente? Não sei. Se não der certo numa superfície de metal, talvez seja possível encontrar alguma superfície para revestir o alfinete original de modo que, com o bombardeio de elétrons, haja uma mudança que seja possível reconhecer depois.

Nesses aparelhos não há problema de intensidade, não o que a gente está acostumado na ampliação, quando é preciso pegar alguns elétrons e espalhar numa tela cada vez maior; é exatamente o contrário. A luz que sai da página está concentrada numa área pequeníssima, e fica muito intensa. Os poucos elétrons que saem da tela fotoelétrica são reduzidos numa área bem minúscula, e mais uma vez ficam muito intensos. Não sei por que isso ainda não foi feito!

Eis a *Encyclopædia Britannica* na cabeça de um alfinete; mas vamos considerar todos os livros do mundo. A Biblioteca do Congresso tem cerca de nove milhões de volumes; a Biblioteca Britânica tem cinco milhões de volumes; também há cinco milhões de volumes na Biblioteca Nacional da França. Sem dúvida há duplicatas, então digamos que haja uns 24 milhões de volumes de interesse no mundo.

O que aconteceria se eu imprimisse tudo isso na escala que estamos discutindo? Quanto espaço ocuparia? Ocuparia, é claro, a área de mais ou menos um milhão de cabeças de alfinete, porque, em vez de haver apenas os 24 volumes da *Encyclopædia,* haveria 24 milhões de volumes. Esse milhão de cabeças de alfinete pode ser arrumado num quadrado com mil cabeças de cada lado, ou uns três metros quadrados. Ou seja, a réplica de silício com revestimento de plástico da grossura de uma folha de papel com que fizemos as cópias com toda essa informação ocupa uma área mais ou menos do tamanho de 35 páginas da *Encyclopædia.* Isso é mais ou menos metade das páginas que há nesta revista. Toda a informação que toda a humanidade já registrou em livros pode ser transportada num panfleto em sua mão – e não codificada, mas uma simples reprodução das imagens originais, gravuras e tudo mais, numa escala pequena sem perda de resolução.

O que diria nossa bibliotecária do CalTech, enquanto corre de um prédio a outro, se eu lhe dissesse que, daqui a dez anos, toda a informação que ela se esforça para acompanhar – 120 mil volumes, empilhados do chão ao teto, gavetas cheias de fichas, depósitos cheios de livros mais antigos – pode ser guardada numa única ficha da biblioteca! Quando a Universidade do Brasil, por exemplo, descobrir que sua biblioteca pegou fogo, podemos lhe mandar uma cópia de todos os livros em nossa biblioteca, tirando em algumas horas uma cópia da placa-mestre e mandando num envelope que não vai ser maior nem mais pesado do que uma carta aérea comum.

Agora, o nome desta palestra é "Há *muito* espaço no fundo", não apenas "Há espaço no fundo". O que demonstrei é que há espaço; que é possível reduzir o tamanho das coisas de um jeito prático. Agora quero mostrar que há *muito* espaço. Não vou discutir como fazer, mas só o que é possível em princípio; em outras palavras, o que é possível de acordo com as leis da Física. Não estou inventando a antigravidade, que só vai ser possível algum dia se as leis não forem como pensamos. Estou lhes dizendo o que poderia ser feito se as leis *forem* como pensamos; não fazemos ainda simplesmente porque não chegamos lá.

Informações em pequena escala

Suponhamos que, em vez de tentar reproduzir as imagens e toda a informação diretamente em sua forma atual, a gente só escreva o conteúdo das informações num código de traços e pontos ou coisa assim para representar as várias letras. Cada letra representa seis ou sete *bits* ou pedacinhos de informação; isto é, só precisamos de uns seis ou sete pontos ou traços para cada letra. Agora, em vez de escrever tudo, como fiz antes, na *superfície* da cabeça do alfinete, vou usar também o interior do material.

Vamos representar um ponto final por um ponto de um metal, o traço seguinte com um ponto adjacente de outro metal e assim por diante. Suponhamos, sendo conservadores, que um *bit* de informação exija um cubinho de átomos: 5 vezes 5 vezes 5, ou seja, 125 átomos. Talvez precisemos de cento e poucos átomos para assegurar que as informações não se percam por difusão ou por algum outro processo.

Estimei quantas letras há na *Encyclopædia,* e supus que cada um de meus 24 milhões de livros é do tamanho de um volume da *Encyclopædia,* e calculei, então, quantos *bits* de informação existem (10^{15}). A cada *bit,* designo 100 átomos. E acontece que todas as informações que o homem acumulou cuidadosamente em todos os livros do mundo podem ser escritas dessa forma num cubo de material com dois centésimos de polegada ou meio milímetro de largura – que é o menor grão de poeira que o olho humano consegue distinguir. Portanto, há *muito* espaço no fundo! Nem me falem de microfilme!

Esse fato – essa quantidade enorme de informações caber num espaço absurdamente pequeno – é, naturalmente, bem conhecido pelos biólogos e resolve o mistério que existia, antes que a gente entendesse tudo isso com clareza, de como é que, na célula mais minúscula, se consegue armazenar todas as informações para a organização de uma criatura complexa como nós. Todas essas informações – se temos olhos castanhos, ou se pensamos, ou que no embrião a mandíbula tem de começar a se desenvolver com um buraquinho do lado para depois um nervo crescer ali – todas essas informações estão contidas numa fração bem pequenininha da célula, sob a forma de moléculas de DNA de cadeia longa nas quais uns 50 átomos são usados para um *bit* de informação sobre a célula.

Melhores microscópios eletrônicos

Se escrevi em código com 5 vezes 5 vezes 5 átomos num *bit*, a questão é: como ler isso hoje? O microscópio eletrônico não serve; com o máximo de cuidado e esforço, ele só tem resolução de uns dez ångström. Gostaria de fazer vocês entenderem, enquanto fico falando de todas essas coisas em pequena escala, a importância de melhorar cem vezes o microscópio eletrônico. Não é impossível; não é contra as leis da difração do elétron. O comprimento de onda do elétron num microscópio desses é de apenas um vigésimo de ångström. Então deveria ser possível ver cada um dos átomos. Por que seria bom ver cada átomo distintamente?

Temos amigos em outros campos; na biologia, por exemplo. Nós, físicos, costumamos olhar para eles e dizer: "Sabe por que vocês vêm fazendo tão pouco progresso?" (Na verdade, não conheço nenhum campo hoje onde se faça progresso mais depressa do que na biologia.) "Vocês deveriam usar mais matemática, como nós." Eles poderiam nos responder, mas são bem educados, portanto vou responder por eles: "O que vocês deveriam fazer para *nós* avançarmos mais depressa é tornar o microscópio eletrônico cem vezes melhor."

Quais são os problemas mais básicos e fundamentais da biologia hoje? São questões como: Qual é a sequência de bases do DNA? O que acontece quando há uma mutação? Como a ordem das bases do DNA se relaciona com a ordem de aminoácidos da proteína? Qual é a estrutura do RNA: cadeia simples ou cadeia dupla? E como isso se relaciona com a ordem das bases do DNA? Qual é a organização dos microssomos? Como as proteínas são sintetizadas? Aonde vai o RNA? Como ele fica? Onde ficam as proteínas? Onde entram os aminoácidos? Na fotossíntese, onde fica a clorofila, como se organiza, como os carotenoides estão envolvidos nisso? Qual é o sistema de conversão da luz em energia química?

É facílimo resolver muitas dessas questões biológicas fundamentais; basta *olhar*! A gente verá a ordem das bases na cadeia; verá a estrutura do microssomo. Infelizmente, o microscópio atual vê numa escala um pouquinho grosseira demais. Torne o microscópio cem vezes mais poderoso e muitos problemas da biologia ficarão muito mais fáceis. Exagero, é claro, mas não há dúvida de que os biólogos ficariam gratos; e prefeririam isso à crítica de que deveriam usar mais matemática.

Hoje, a teoria dos processos químicos se baseia na física teórica. Nesse sentido, a física constitui o alicerce da química. Mas a química também tem análise. Quem tiver uma substância estranha e quiser saber o que é, fará um processo longo e complicado de análise química. Hoje é possível analisar quase tudo, e estou um pouco atrasado com minha ideia. Mas se os físicos quisessem, também poderiam solapar os químicos no problema da análise química. Seria facílimo fazer uma análise de qualquer substância química complicada; só seria preciso dar uma olhada e ver onde estão os átomos. O único problema é que o microscópio eletrônico é cem vezes fraco demais. (Mais tarde, eu gostaria de fazer uma pergunta: os físicos podem fazer alguma coisa para resolver o terceiro problema da química, ou seja, a síntese? Haverá um jeito *físico* de sintetizar qualquer substância química?)

A razão de o microscópio eletrônico ser tão fraco é que o número *f* das lentes é apenas uma parte para mil; não temos uma abertura numérica suficiente. E sei que há teoremas que provam que é impossível, com lentes de campo estacionário com simetria axial, produzir um número *f* maior do que tal e tal, portanto a resolução óptica, no momento atual, está no máximo teórico. Mas em todo teorema há pressupostos. Por que o campo tem de ser simétrico? Vou apresentar como desafio: não haverá um jeito de tornar o microscópio eletrônico mais poderoso?

O maravilhoso sistema biológico

O exemplo biológico de escrever informações em pequena escala me inspirou a pensar numa coisa que deve ser possível. Biologia não é simplesmente escrever informações; é *fazer alguma coisa* com elas. O sistema biológico pode ser pequeníssimo. Muitas células são minúsculas, mas muito ativas; elas fabricam várias substâncias, se deslocam, se contorcem e fazem coisas maravilhosas de todo tipo, tudo em escala bem pequena. E elas também armazenam informações. Consideremos a possibilidade de também conseguirmos fazer uma coisa muito pequena que faça o que queremos, que possamos fabricar um objeto que manobre nesse nível!

Pode até haver uma razão econômica nesse negócio de deixar as coisas bem pequenas. Vou lembrar a vocês alguns problemas dos computadores. Neles, temos de armazenar uma quantidade enorme de informações. O tipo de escrita de que eu estava falando, na qual eu tinha tudo como uma distribuição de metal, é permanente. Para o computador, é muito mais interessante um jeito de escrever, apagar e escrever outra coisa. (Em geral porque ninguém quer desperdiçar o material onde acabou de escrever. Mas se a gente pudesse escrever num espaço bem pequenininho, não faria nenhuma diferença; ele poderia ser jogado fora depois de lido. Não custaria muito pelo material.)

Miniaturizar o computador

Não sei como fazer isso em escala pequena de um jeito prático, mas sei que as máquinas de computar são muito grandes; elas enchem salas. Por que não podemos fazer máquinas bem pequenas, feitas de fios pequenos, elementos pequenos... e com "pequeno", quero dizer *pequeno*. Por exemplo, os fios poderiam ter uns dez a cem átomos de diâmetro, e os circuitos, alguns milhares de ångström de largura. Todo mundo que analisou a teoria lógica dos computadores chegou à conclusão de que as possibilidades seriam interessantíssimas, caso eles pudessem ficar mais complicados em várias ordens de magnitude. Se tivessem milhões de vezes mais elementos, poderiam emitir juízos. Teriam tempo de calcular qual seria a melhor maneira de fazer o cálculo que estão prestes a fazer. Poderiam selecionar o método de análise que, em sua experiência, seria melhor do que aquele que lhes demos. E de muitos outros jeitos, eles teriam novas características qualitativas.

Quando olho o rosto de alguém, reconheço imediatamente se já vi esse rosto. (Na verdade, meus amigos vão dizer que escolhi aqui um exemplo infeliz como ilustração. Pelo menos, reconheço que é um *homem* e não uma *maçã*.) Mas não existe uma máquina que, com a mesma velocidade, consiga pegar a foto de um rosto e dizer até mesmo que seja um homem; muito menos que seja o mesmo homem que a gente já mostrou, a menos que seja exatamente a mesma foto. Se o rosto mudou, se eu estiver mais perto do rosto, se estiver mais longe do rosto, se a luz mudar... mesmo assim reconheço. Agora, esse computadorzinho que levo dentro da cabeça faz isso com facilidade. Os computadores que construímos não conseguem. O número de elementos nesta minha caixa de osso é muitíssimo maior do que o número de elementos dos nossos "maravilhosos" computadores. Mas nossos computadores mecânicos são grandes demais; os elementos desta caixa são microscópicos. Quero fazer alguns que sejam submicroscópicos.

Se a gente quisesse fazer um computador que tivesse a mais todas essas capacidades qualitativas maravilhosas, talvez ele tivesse de ser do tamanho do Pentágono. Isso tem várias desvantagens. Primeiro, exige material demais; talvez não exista no mundo germânio suficiente para todos os transístores que teriam de ser postos dentro dessa coisa enorme. Também há o problema da geração de calor e do consumo de energia; seria preciso uma usina elétrica para alimentar o computador. Mas uma dificuldade ainda mais prática é que o computador ficaria limitado a uma determinada velocidade. Devido ao grande tamanho, há um tempo finito exigido para levar a informação de um lugar a outro. Essa informação não pode avançar mais depressa do que a velocidade da luz; em última análise, conforme ficarem cada vez mais rápidos, cada vez mais complicados, nossos computadores terão de ser cada vez menores.

Mas há muito espaço para ficarem menores. Nas leis da física não há nada que eu conheça que diga que os elementos do computador não possam ser imensamente menores do que hoje. Na verdade, pode haver algumas vantagens.

Miniaturização por evaporação

Como fazer um aparelho desses? Que tipo de processo de fabricação seria usado? Uma das possibilidades que podemos considerar, já que falamos de escrever pondo átomos em determinada disposição, seria vaporizar o material e depois vaporizar o isolante por cima. Então, na camada seguinte, vaporizar outra posição de um fio, outro isolante e coisa e tal. E a gente simplesmente vaporiza e deposita até ter um bloco que tenha os elementos – bobinas e condensadores, transístores e tal – em dimensões absurdamente finas.

Mas eu gostaria de discutir, só por diversão, que há outras possibilidades. Por que não fabricar esses computadores pequenos mais ou menos como fabricamos os grandes? Por que não fazer furos, cortar coisas, soldar coisas, estampar coisas, moldar formas diferentes, tudo em nível infinitesimal? Quais são as limitações do tamanho mínimo de uma coisa até não poder mais ser moldada? Quantas vezes, trabalhando numa coisa irritante de tão pequena, como o relógio de pulso da esposa, a gente não disse: "ah, se eu pudesse treinar uma formiga pra fazer isso!" O que eu gostaria de sugerir é a possibilidade de treinar uma formiga ou um ácaro para fazer isso. Quais são as possibilidades de máquinas pequenas e móveis? Podem ser úteis ou não, mas sem dúvida seria divertido fazer uma delas.

Pense em qualquer máquina, um automóvel, por exemplo, e pergunte quais os problemas de fazer uma máquina infinitesimal como ela. Suponhamos, no projeto específico do automóvel, que a gente necessite de uma certa precisão das partes, uma acurácia, digamos, de 4/10.000 de polegada. Se a acurácia for menor do que essa, no formato do pistão e tal, as coisas não vão funcionar muito bem. Se eu fizer a coisa pequena demais, terei de me preocupar com o tamanho dos átomos; não posso fazer um círculo de "bolas", por assim dizer, se o círculo for pequeno demais. Portanto, se eu fizer com que o erro, correspondente a 4/10.000 de polegada, seja de dez átomos, acontece que posso reduzir a dimensão do automóvel cerca de quatro mil vezes, e ele terá 1 mm de comprimento. É óbvio que, se a gente reprojetasse o carro para funcionar com tolerância bem maior, o que não é nada impossível, seria possível fazer um aparelho muito menor.

É interessante considerar os problemas de máquinas tão pequenas. Em primeiro lugar, com partes tensionadas no mesmo grau, as forças vão conforme a área que a gente está reduzindo, e coisas como peso e inércia relativamente não têm importância. A força do material, em outras palavras, é muitíssimo maior em proporção. As tensões e a expansão do volante do motor devido à força centrífuga, por exemplo, só estariam na mesma proporção se a velocidade de rotação aumentasse na mesma proporção em que a gente diminuísse o tamanho. Por outro lado, os metais que usamos têm estrutura granular, e isso seria muito chato em pequena escala, porque o material não é homogêneo. Plásticos, vidros e coisas de natureza amorfa são muito mais homogêneos, e assim teríamos de fazer nossas máquinas com esse tipo de material.

Há problemas ligados à parte elétrica do sistema, aos fios de cobre e às partes magnéticas. As propriedades magnéticas em escala muito pequena não são as mesmas em grande escala; há o problema do "domínio" envolvido. Um ímã grande feito com milhões de domínios só pode ser feito em pequena escala com um domínio. O equipamento elétrico não será simplesmente reduzido, terá de ser reprojetado. Mas não vejo razão para não ser reprojetado e voltar a funcionar.

Problemas de lubrificação

A lubrificação envolve algumas questões interessantes. A viscosidade efetiva do óleo ficará cada vez maior, em proporção, conforme diminuirmos (e se a gente aumentar a velocidade o máximo possível). Se a gente não aumentar a velocidade tanto assim e mudar de óleo para querosene ou algum outro fluido, o problema não é tão grande. Mas na verdade talvez a gente nem precise lubrificar! Temos um monte de força extra. Que as engrenagens girem a seco; não vão esquentar, porque o calor escapa rapidíssimo de aparelhos tão pequenos. Essa perda rápida de calor impediria que a gasolina explodisse, então o motor de combustão interna fica impossível. Outras reações químicas que liberem energia a frio podem ser usadas. Provavelmente o suprimento externo de eletricidade seja mais conveniente em máquinas tão pequenas.

Qual seria a utilidade dessas máquinas? Quem sabe? É claro que um automóvel pequenino só seria útil para ácaros passearem, e suponho que nosso interesse cristão não chegue a esse ponto. No entanto, observamos a possibilidade da manufatura de pequenos elementos para computadores em fábricas completamente automáticas que contenham tornos e outras máquinas-ferramentas em nível pequeníssimo. O torninho não precisaria ser exatamente igual ao nosso torno grande. Deixo à imaginação de vocês o aprimoramento do projeto para aproveitar ao máximo as propriedades das coisas em pequena escala, e de tal maneira que o aspecto totalmente automático fique mais fácil de administrar.

Um amigo meu (Albert R. Hibbs[4]) sugere uma possibilidade muito interessante para máquinas relativamente pequenas. Ele diz que, embora seja uma ideia muito maluca, seria interessante se, numa cirurgia, a gente pudesse engolir o cirurgião. A gente põe o

4 Aluno e depois colega de Feynman.

cirurgião mecânico dentro do vaso sanguíneo e ele entra no coração e "olha" em volta. (É claro que a informação tem de ser mandada para fora.) Ele descobre qual é a válvula defeituosa, pega uma faquinha e corta. Outras máquinas pequenas podem ser permanentemente incorporadas ao corpo para ajudar algum órgão que não funcione direito.

Agora vem a pergunta interessante: como fazer um mecanismo tão miudinho? Isso deixo pra vocês. No entanto, vou sugerir uma possibilidade doida. Sabem, nas usinas atômicas eles têm máquinas e materiais que não podem ser manipulados diretamente porque ficaram radiativos. Para desatarraxar porcas, pôr parafusos e coisa e tal, eles têm um conjunto de mãos mestre/escravo, e manipulando um conjunto de alavancas aqui a gente controla as "mãos" lá, e pode virar para cá e para lá e manusear as coisas bastante bem.

Na verdade, a maior parte desses aparelhos é feita de forma muito simples, porque há um cabo específico, como a cordinha de uma marionete, que vai diretamente dos controles até as "mãos". Mas é claro que também foram feitas coisas com servomotores, e a ligação entre uma coisa e outra é elétrica e não mecânica. Quando a gente gira as alavancas, elas ligam um servomotor que muda a corrente elétrica nos fios, que reposiciona o motor da outra ponta.

Agora, quero construir mais ou menos o mesmo aparelho: um sistema mestre/escravo que funcione eletricamente. Mas quero que os escravos sejam feitos com muito cuidado por fabricantes modernos de máquinas em grande escala, para que tenham um quarto do tamanho das "mãos" que a gente costuma manipular. Então você já tem um esquema para fazer coisas em um quarto da escala: os pequenos servomotores com mãozinhas brincam com porquinhas e parafusinhos, abrem furinhos; são quatro vezes menores. A-há! Então monto um torno com um quarto do tamanho; fabrico ferramentas com um quarto do tamanho; e nessa escala de um quarto, faço outro conjunto de mãos com relativamente um quarto do tamanho! Dezesseis avos do tamanho, de meu ponto de vista. E depois de acabar fazendo isso, ligo diretamente o meu sistema em grande escala, com transformadores, talvez, aos servomotores com 1/16 do tamanho. Assim, agora posso manipular as mãos com 1/16 do tamanho.

Bom, vocês entendem o princípio a partir daí. É um programa bastante difícil, mas é uma possibilidade. Talvez vocês digam que é possível ir muito mais longe num único passo do que de um a quatro. É claro que tudo tem de ser projetado com muito cuidado, e necessariamente não será simples fazer como mãos. Se a gente pensar com muito cuidado, é provável que consiga chegar a um sistema muito melhor para fazer essas coisas.

Hoje mesmo, quando se trabalha com um pantógrafo, é possível ir muito além de um fator de quatro mesmo num passo só. Mas não se pode trabalhar diretamente com um pantógrafo que faça um pantógrafo menor, que depois faça um pantógrafo menor, por causa da frouxidão dos furos e das irregularidades de construção. A ponta do pantógrafo oscila com irregularidade relativamente maior do que a irregularidade com que as mãos se mexem. Diminuindo nessa escala, a ponta do pantógrafo na ponta do pantógrafo na ponta do pantógrafo vai balançar tanto que não vai fazer nada direito.

Em cada estágio, é necessário aumentar a precisão do aparelho. Por exemplo, se, depois de fazer um torninho com um pantógrafo, a gente achar que sua rosca sem fim está irregular, mais irregular do que a do torno em grande escala, seria possível passar essa rosca em porcas quebráveis que se pudesse reverter do jeito comum, para cá e para lá, até a rosca, na sua escala, ficar tão exata quanto a rosca original na nossa escala.

Podemos criar planos esfregando superfícies não planas juntas em trios, em três pares, e os planos ficarão mais planos do que a coisa com que a gente começou. Portanto, não é impossível aumentar a precisão em pequena escala com as operações corretas. Aí, quando a gente constrói essa coisa, é necessário, a cada passo, aumentar a acurácia do equipamento trabalhando um tempo ali, fazendo roscas sem fim acuradas, blocos de bitola e todos os outros materiais usados em máquinas de precisão no nível mais alto. É preciso parar em cada nível e fabricar todas as coisas para avançar para o nível seguinte: um programa muito demorado e muito difícil. Talvez vocês consigam imaginar um modo melhor do que esse de chegar com mais rapidez à pequena escala.

Mas, depois disso tudo, a gente só tem um torninho pequenininho, quatro mil vezes menor do que o normal. Mas a gente estava pensando em fazer um computador enorme, que ia ser construído abrindo furos nesse torno para fazer arruelinhas para o computador. Quantas arruelas se pode fabricar nesse torninho?

Cem mãos minúsculas

Quando eu fizer meu primeiro conjunto de "mãos" controláveis com um quarto do tamanho, vou fazer dez conjuntos. Faço dez conjuntos de "mãos" e ligo nas minhas alavancas originais para fazerem exatamente a mesma coisa ao mesmo tempo em paralelo. Aí, quando eu fizer meus novos aparelhos com um quarto do tamanho outra vez, cada um fará dez cópias, e terei cem "mãos" com 1/16 do tamanho.

Onde é que vou pôr o milhão de tornos que terei? Ora, não é problema nenhum: o volume é muito menor do que um único torno mecânico de tamanho normal. Por exemplo, se eu fizer um bilhão de torninhos, cada um com 1/4.000 do tamanho de um torno normal, haverá muito material e espaço disponíveis, porque no bilhão de torninhos há menos de 2% do material de um torno grande. O material não custa nada, entendem? E quero construir um bilhão de fábricas minúsculas, umas modelo das outras, fabricando ao mesmo tempo, abrindo furos, estampando peças e coisa e tal.

Quando diminuímos de tamanho, surgem alguns problemas interessantes. Nem todas as coisas se reduzem simplesmente em proporção. Há o problema dos materiais que grudam uns nos outros por atrações moleculares (de van der Waals[5]). Seria assim: depois de fazer uma peça e desatarraxar a porca do parafuso, ela não vai cair, porque a gravidade não é apreciável; vai ser difícil até tirar a porca do parafuso. Seria como aqueles filmes antigos, com um homem com a mão cheia de melado tentando se livrar de um copo d'água. Haverá vários problemas dessa natureza e teremos de nos dispor a projetar para eles.

Rearranjo dos átomos

Mas não tenho medo de pensar na pergunta final: se algum dia, no futuro distante, vamos conseguir arrumar os átomos do jeito que a gente quiser; os próprios *átomos*, lá bem no fundo! O que aconteceria se a gente conseguisse arrumar os átomos um a um do jeito que quisesse? (Com bom senso, é claro; ninguém vai querer arrumar os átomos para ficarem quimicamente instáveis, por exemplo.)

---

5 Forças de van der Waals: forças de atração fracas entre átomos ou moléculas. Johannes Diderik van der Waals (1837-1923) recebeu o Prêmio Nobel de Física de 1910 pelo trabalho sobre as equações do estado de gases e líquidos.

Até agora, nos contentamos em cavar a terra para encontrar minérios. Aquecemos os minérios e fazemos coisas em grande escala com eles e torcemos para obter uma substância pura com só um tantinho de impureza e coisa e tal. Mas sempre é preciso aceitar algum arranjo atômico que a natureza nos dá. Não temos nada, digamos, com um arranjo em "tabuleiro de xadrez", com os átomos das impurezas arrumados exatamente a mil ångström de distância ou num padrão específico qualquer.

O que a gente faria com estruturas em camadas que tivessem só as camadas certas? Quais seriam as propriedades dos materiais se a gente realmente pudesse arrumar os átomos do jeito que quisesse? Seria muito interessante investigar isso teoricamente. Não consigo ver exatamente o que aconteceria, mas não duvido que, quando tivermos algum *controle* sobre o arranjo das coisas em pequena escala, teremos uma variedade imensamente maior de propriedades possíveis que as substâncias poderiam ter e de coisas que poderíamos fazer.

Consideremos, por exemplo, um material para fazer bobininhas e condensadorezinhos (ou seus análogos caso maciços), mil ou 10 mil ångström num circuito, um bem ao lado do outro, numa área grande, com anteninhas saindo na outra ponta... toda uma série de circuitos. Seria possível, por exemplo, emitir luz de um conjunto inteiro de antenas, como emitimos ondas de rádio de um conjunto organizado de antenas para transmitir os programas de rádio para a Europa? A mesma coisa seria transmitir luz numa direção definida com intensidade altíssima. (Talvez uma emissão dessas não seja muito útil em termos técnicos ou econômicos.)

Pensei em alguns problemas da construção de circuitos elétricos em pequena escala, e o problema da resistência é grave. Se a gente construir um circuito correspondente em pequena escala, sua frequência natural sobe, porque o comprimento de onda diminui com a escala; mas a profundidade só diminui de acordo com a raiz quadrada da razão da escala, e assim os problemas de resistência assumem dificuldade crescente. Talvez a gente consiga vencer a resistência com o uso da supercondutividade, se a frequência não for alta demais, ou com outros truques.

Átomos num mundo pequeno

Quando chegamos ao mundo pequeníssimo – digamos, circuitos de sete átomos –, temos um monte de coisas novas que aconteceriam e que criariam oportunidades de projeto completamente novas. Em pequena escala, os átomos não se comportam como *nada* em grande escala, porque eles obedecem às leis da mecânica quântica. Portanto, conforme diminuímos a escala e mexemos com os átomos lá embaixo, trabalhamos com leis diferentes e podemos fazer coisas diferentes. É possível fabricar de jeitos diferentes. Dá para usar, além de circuitos, algum sistema envolvendo níveis quantizados de energia ou a interação de *spins* quantizados etc.

Outra coisa que dá para notar é que, quando a escala diminui bastante, todos os aparelhos podem ser produzidos em massa e ser cópias absolutamente perfeitas uns dos outros. Não podemos construir duas máquinas grandes com dimensões exatamente iguais. Mas se a nossa máquina só tiver cem átomos de altura, só é preciso ter metade de 1% de correção para assegurar que a outra máquina seja exatamente do mesmo tamanho, ou seja, com cem átomos de altura!

No nível atômico, temos novos tipos de forças e novos tipos de possibilidades, novos tipos de efeitos. Os problemas da manufatura e da reprodução de materiais serão bem diferentes. Como já disse, me inspiro nos fenômenos biológicos, nos quais forças químicas são usadas de forma repetitiva para produzir todo tipo de efeito esquisito (um dos quais é o autor aqui). Os princípios da Física, até onde posso ver, nada dizem contra a possibilidade de manobrar as coisas de átomo em átomo. Não é uma tentativa de violar nenhuma lei; é algo que, em princípio, pode ser feito, mas, na prática, não foi feito porque somos grandes demais.

Finalmente, podemos fazer a síntese química. Um químico procura a gente e diz: "Olha, quero uma molécula que tenha os átomos arrumados assim e assim; me faça essa molécula." O químico faz uma coisa misteriosa quando quer fazer uma molécula. Ele vê que tem aquele anel, aí ele mistura isso e aquilo, e sacode, e remexe. E, no final de um processo difícil, geralmente ele consegue sintetizar o que quer. Quando eu tiver meus aparelhos funcionando para a gente fazer pela Física, ele já terá imaginado como sintetizar absolutamente tudo, e isso será mesmo inútil.

Mas é interessante que, em princípio, seria possível (acho) pra um físico sintetizar qualquer substância química que o químico descrever. Dê a ordem e o físico sintetiza. Como? Arrume os átomos lá do jeito que o químico disse para fazer a substância. Os problemas da Química e da Biologia poderiam receber uma grande ajuda se a nossa capacidade de ver o que estamos fazendo e de fazer coisas em nível atômico acabar se desenvolvendo – um desenvolvimento que acho que não dá para evitar. Agora, você vai perguntar: "Quem deveria fazer isso e por que deveria fazer isso?" Bom, indiquei algumas aplicações econômicas, mas sei que a razão pra gente fazer isso talvez seja só diversão. Mas vamos nos divertir! Vamos fazer uma competição entre laboratórios. Que um laboratório faça um motor minúsculo e mande pra outro laboratório que o devolva com uma coisa que caiba dentro do eixo do primeiro motor.

Competição escolar

Só para divertir, e para interessar as crianças nesse campo, eu proporia que alguém que tivesse contato com escolas de ensino médio pensasse em fazer um tipo de competição escolar. Afinal de contas, ainda nem começamos nesse campo, e até as crianças conseguem escrever mais miudinho do que nunca. Eles podiam fazer competições nas escolas. A escola de Los Angeles poderia mandar um alfinete para a escola de Veneza onde estivesse escrito "Que tal?" Aí eles recebem o alfinete de volta, e no ponto do "?" está escrito: "Mais ou menos".

Talvez isso não empolgue ninguém, e só a economia consiga empolgar. Então vou fazer uma coisa; mas não posso fazer no presente momento porque não preparei o terreno. Minha intenção é oferecer um prêmio de mil dólares ao primeiro sujeito que conseguir pegar as informações da página de um livro e colocar tudo numa área 1/25.000 menor em escala linear, de modo que possa ser lido no microscópio eletrônico.

E quero oferecer outro prêmio de mil dólares, se conseguir pensar em como redigir para não me meter numa teia de argumentos sobre definições, ao primeiro sujeito que montar um motor elétrico que funcione: um motor elétrico giratório que possa ser controlado de fora e, sem contar os fios que entram, seja um cubo de apenas 1/64 de polegada de lado.

Não espero que esses prêmios demorem muito a ter pretendentes.

Finalmente, Feynman teve de pagar o prêmio dos dois desafios. O texto abaixo é da abertura do livro Feynman and Computation, *organizado por Anthony J. G. Hey (Perseus, Reading, Massachusetts, 1998), reproduzido com permissão.*

Ele pagou ambos: o primeiro, menos de um ano depois, a Bill McLellan, ex-aluno do CalTech, por um motor em miniatura que satisfez as especificações mas que, para Feynman, foi quase um desapontamento, porque não exigiu nenhum novo avanço técnico. Em 1983, Feynman apresentou uma versão atualizada de sua palestra no Laboratório de Propulsão a Jato (Jet Propulsion Laboratory). E previu que "com a tecnologia de hoje podemos facilmente [...] construir motores com um quadragésimo do tamanho em cada dimensão, 64 mil vezes menor que [...] o motor de McLellan, e podemos fazer milhares deles de cada vez."

Só 26 anos depois ele teve de pagar o segundo prêmio, dessa vez a um aluno de pós-graduação de Stanford chamado Tom Newman. A escala do desafio de Feynman era equivalente a escrever todos os vinte e quatro volumes da *Encyclopædia Britannica* numa cabeça de alfinete. Newman calculou que cada letra teria apenas uns cinquenta átomos de largura. Ele usou litografia de feixe de elétrons quando seu orientador de tese estava viajando e acabou conseguindo escrever a primeira página de *Um conto de duas cidades*, de Charles Dickens, em escala de 1:25.000. Considera-se que o artigo de Feynman deu início ao campo da nanotecnologia, e hoje há competições regulares do "Prêmio Feynman de Nanotecnologia".

6. O valor da ciência

De todos os seus muitos valores, o maior deve ser a liberdade de duvidar

No Havaí, Feynman aprende uma lição de humildade ao visitar um templo budista: "A cada homem é dada a chave dos portões do paraíso; a mesma chave abre os portões do inferno". Este é um dos textos mais eloquentes de Feynman, que reflete sobre a relevância da ciência para a experiência humana e vice-versa. Ele também dá uma lição aos colegas cientistas sobre sua responsabilidade para com o futuro da civilização.

De vez em quando me sugerem que os cientistas deveriam dedicar mais consideração aos problemas sociais – principalmente que deveriam ser mais responsáveis ao avaliar o impacto da ciência sobre a sociedade. Essa mesma sugestão pode ser feita a muitos outros cientistas, e parece que, em geral, acredita-se que, se os cientistas dessem apenas uma olhada nesses problemas sociais dificílimos e não passassem tanto tempo lidando com os problemas científicos menos vitais, haveria grande sucesso.

Parece-me que realmente pensamos nesses problemas de vez em quando, mas não nos dedicamos a eles em tempo integral. A razão é que sabemos que não temos nenhuma fórmula mágica para resolver problemas, que os problemas sociais são muito mais difíceis que os científicos e que, em geral, não chegamos a lugar nenhum quando pensamos neles.

Acredito que, ao examinar problemas não científicos, um cientista seja tão burro quanto qualquer pessoa; e, quando fala de assuntos não científicos, soe tão ingênuo quanto qualquer pessoa não instruída sobre o tema. Como a questão do valor da ciência não é um tema científico, esta discussão se dedica a provar meu ponto de vista – pelo exemplo.

Todo mundo conhece o primeiro modo de a ciência ter valor. O conhecimento científico nos capacita a fazer todo tipo de coisa, a criar todo tipo de coisa. É claro que, se fizermos coisas boas, o crédito não é só da ciência; é crédito também da escolha moral que nos levou ao bom trabalho. O conhecimento científico é um poder que permite fazer o bem ou o mal, mas não vem com instruções de uso. Esse poder tem valor evidente, ainda que o poder possa ser negado pelo que se faz.

Aprendi um modo de exprimir esse problema humano comum numa viagem a Honolulu. Num templo budista de lá, o encarregado explicou aos turistas um pouquinho da religião budista e terminou sua fala afirmando que tinha algo a lhes dizer que eles *nunca* esqueceriam – e nunca esqueci. Era um provérbio da religião budista:

"A cada homem é dada a chave dos portões do paraíso; a mesma chave abre os portões do inferno."

Então qual é o valor da chave do paraíso? É verdade que, se não tivermos instruções claras que determinem qual é o portão do paraíso e qual é o do inferno, pode ser perigoso usar a chave, mas obviamente ela tem valor. Como entrar no paraíso sem ela?

As instruções também não teriam valor nenhum sem a chave. Portanto, é evidente que, apesar de poder produzir um horror enorme no mundo, a ciência tem valor porque *pode* produzir *alguma coisa*.

Outro valor da ciência é a diversão chamada prazer intelectual que alguns obtêm quando leem, aprendem e pensam sobre ela, e outros, quando trabalham com ela. Essa é uma questão muito real e importante que não é suficientemente levada em consideração pelos que nos dizem que nossa responsabilidade social é refletir sobre o impacto da ciência sobre a sociedade.

Esse mero prazer pessoal tem valor para a sociedade como um todo? Não! Mas também há a responsabilidade de considerar o valor da própria sociedade. Em última análise, esse valor não seria organizar as coisas para que as pessoas pudessem ter prazer com elas? Se assim for, o prazer da ciência é tão importante quanto qualquer outra coisa.

Mas eu *não* gostaria de subestimar o valor da visão de mundo que resulta do esforço científico. Fomos levados a imaginar todo tipo de coisa infinitamente mais maravilhosa do que as imaginadas por poetas e sonhadores do passado. Isso mostra que a imaginação da natureza é muitíssimo maior que a imaginação do homem. Por exemplo, é muito mais incrível estarmos todos presos por uma atração misteriosa, metade de nós de cabeça para baixo, a uma bola giratória que dança pelo espaço há bilhões de anos do que sermos levados nas costas de um elefante sustentado por uma tartaruga que nada num mar sem fundo.

Pensei sozinho tantas vezes nessas coisas que espero que me desculpem se eu mencionar algumas ideias que, tenho certeza, todos vocês tiveram – ou ideias do mesmo tipo – e que ninguém jamais teria no passado porque, naquele tempo, ninguém tinha as informações que temos hoje sobre o mundo.

Por exemplo, fico à beira-mar sozinho e começo a pensar. Há as ondas que correm... montanhas de moléculas, cada uma cuidando estupidamente da própria vida... a trilhões de distância... mas formando a espuma branca em uníssono.

Por eras e eras... antes que qualquer olho pudesse ver... ano após ano... golpeando barulhentas a margem como agora. Por quem, por quê?... num planeta morto, sem vida para entreter.

Nunca em descanso... torturadas pela energia... desperdiçada prodigiosamente pelo sol... despejada no espaço. Um ácaro faz o mar rugir.

No fundo do mar, todas as moléculas repetem os padrões umas das outras até se formarem padrões novos e complexos. Esses padrões fazem outros como eles... e uma nova dança começa.

Crescem em tamanho e complexidade... coisas vivas, massas de átomos, DNA, proteína... dançam num padrão ainda mais intrincado.

Saído do berço, em terra firme... ali está ele de pé... átomos com consciência... matéria com curiosidade.

Em pé junto ao mar... assombra-se com o assombro... Eu... um universo de átomos... um átomo no universo.

A grandiosa aventura

A mesma emoção, o mesmo assombro e mistério, surge várias vezes quando examinamos qualquer problema com suficiente profundidade. Com mais conhecimento, vêm mistérios mais profundos e maravilhosos, que nos atraem para penetrar ainda mais profundamente. Sem jamais temer que a resposta seja desapontadora, mas com prazer e confiança, reviramos cada nova pedra para encontrar estranhezas inimagináveis que provocam as perguntas e os mistérios mais maravilhosos; sem dúvida uma grandiosa aventura!

É verdade que algumas pessoas não científicas têm esse tipo específico de experiência religiosa. Nossos poetas não escrevem a respeito; nossos pintores não tentam retratar essa coisa extraordinária. Não sei por quê. Ninguém se inspira com nossa imagem atual do universo? O valor da ciência ainda não é entoado por cantores, e ficamos reduzidos a ouvir... não uma canção nem um poema, mas uma palestra noturna a respeito. Esta ainda não é uma época científica.

Talvez uma das razões seja que é preciso saber como se lê a música. Por exemplo, um artigo científico diz, talvez, algo assim: "O teor de fósforo radiativo no cérebro do rato se reduz à metade num período de duas semanas." Agora, o que isso significa?

Significa que o fósforo que há no cérebro do rato (e no meu, e no seu) não é o mesmo fósforo que havia duas semanas atrás, mas que todos os átomos que estão no cérebro são substituídos, e os que estavam lá antes se foram.

E o que é essa mente, o que são esses átomos com consciência? As batatas da semana passada! É isso que agora consegue *recordar* o que acontecia em minha mente um ano atrás... uma mente que há muito tempo foi substituída.

Eis o que significa quando se descobre o tempo que os átomos do cérebro levam para serem substituídos por outros átomos: notar que a coisa que chamo de minha individualidade é apenas um padrão ou uma dança. Os átomos entram em meu cérebro, fazem a dança e saem; sempre átomos novos, mas sempre fazendo a mesma dança, recordando qual era a dança de ontem.

A ideia extraordinária

Eis o que lemos no jornal: "Os cientistas dizem que essa descoberta pode ser importante para a cura do câncer". O jornal só se interessa pelo uso da ideia, não pela ideia em si. Dificilmente alguém consegue entender a importância de uma ideia. Isso é extraordinário. A não ser que, talvez, alguma criança perceba. E quando uma criança percebe uma ideia como essa, temos um cientista. Essas ideias vão se filtrando (apesar de todas as conversas sobre a TV estar substituindo o pensamento), e muitas crianças entendem o espírito da coisa; e quando elas captam o espírito, temos um cientista. É tarde demais para captar o espírito quando estão em nossas universidades, e devemos tentar explicar essas ideias às crianças.

Agora eu gostaria de me voltar para um terceiro valor da ciência. É um pouco mais indireto, mas não muito. O cientista tem muita experiência com a ignorância, a dúvida e a incerteza, e essa experiência é importantíssima, creio eu. Quando um cientista não sabe a resposta de um problema, ele é ignorante. Quando tem um palpite de qual seja o resultado, está incerto. E quando tem uma baita certeza de qual será o resultado, tem alguma dúvida. Descobrimos que, para progredir, é importantíssimo admitir a ignorância e deixar espaço para dúvidas. O conhecimento científico é um corpo de afirmativas com graus variados de certeza: algumas muito incertas, outras quase certas, nenhuma *absolutamente* certa.

Mas nós, cientistas, estamos acostumados com isso, e partimos do pressuposto de que é perfeitamente coerente não ter certeza, que é possível viver *sem* saber. Mas não sei se todo mundo percebe que isso é verdade. Nossa liberdade de duvidar nasceu da luta contra a autoridade nos primeiros dias da ciência. Foi uma luta muito forte e profunda. Permitam-nos questionar – duvidar, só isso –, não ter certeza. E acho importante não esquecermos a importância dessa luta, senão talvez percamos o que ganhamos. Aí está uma responsabilidade para com a sociedade.

Todos ficamos tristes quando pensamos na potencialidade maravilhosa que os seres humanos parecem ter em contraste com suas pequenas realizações. Várias e várias vezes, muitos acharam que poderíamos ir muito melhor. Os do passado tiveram, no pesadelo de sua época, um sonho de futuro. Nós, de seu futuro, vemos que seus sonhos, de certo modo superados, em vários aspectos continuaram a ser sonhos. Hoje, em boa medida, a esperança de futuro é a mesma de ontem.

Educação, para o bem ou para o mal

Antigamente, alguns achavam que as pessoas não desenvolviam suas possibilidades porque a maioria era ignorante. Com a educação universal, todos os homens não poderiam ser Voltaires? O mal pode ser ensinado pelo menos com a mesma eficiência do bem. A educação é uma força forte, tanto para o bem quanto para o mal.

A comunicação entre nações deve promover o entendimento. Lá se foi outro sonho. Mas as máquinas de comunicação podem ser canalizadas ou sufocadas. O que é transmitido pode ser verdade ou mentira. A comunicação também é uma força forte, tanto para o bem quanto para o mal.

As ciências aplicadas deveriam libertar os homens dos problemas materiais, pelo menos. A medicina controla as doenças. E o histórico aqui parece ser todo para o bem. Mas há homens trabalhando pacientemente para criar grandes pragas e venenos. Serão usados na guerra de amanhã.

Quase todo mundo detesta a guerra. Hoje, nosso sonho é a paz. Na paz, o homem pode desenvolver melhor as enormes possibilidades que parece ter. Mas talvez os homens do futuro descubram que a paz também pode ser para o bem ou para o mal. Talvez os homens pacíficos bebam por tédio. Então talvez a bebida se torne o grande problema que impede o homem de obter tudo o que acha que poderia tirar de sua capacidade.

É claro que a paz é uma grande força, assim como a sobriedade, o poder material, a comunicação, a educação, a honestidade e os ideais de muitos sonhadores.

Temos de controlar mais forças dessas do que os antigos. E talvez estejamos indo um pouco melhor do que a maioria deles conseguiria. Mas o que deveríamos ser capazes de fazer parece gigantesco comparado às nossas realizações confusas.

Por quê? Por que não conseguimos nos vencer?

Porque descobrimos que mesmo as grandes forças e capacidades não trazem consigo instruções de uso claras. Como exemplo, o grande acúmulo de entendimento de como o mundo físico se comporta só nos convence de que esse comportamento parece ter um tipo de falta de sentido. As ciências não ensinam diretamente o bem e o mal.

Em todas as eras, os homens tentaram sondar o significado da vida. Eles perceberam que, se alguma direção ou significado fosse dado a nossas ações, grandes forças humanas seriam liberadas. Assim, muitíssimas respostas foram dadas à questão do significado de tudo. Mas eram todas diferentes, e os proponentes de uma resposta olharam com horror as ações dos que acreditavam em outra. Horror porque, de um ponto de vista discordante, todas as grandes potencialidades da raça estavam sendo canalizadas para um beco sem saída falso e restritivo. Na verdade, foi com a história das enormes monstruosidades criadas por falsas crenças que os filósofos perceberam a capacidade aparentemente infinita e maravilhosa dos seres humanos. O sonho é encontrar o canal aberto.

Então qual é o significado de tudo? O que podemos dizer para decifrar o mistério da existência?

Se levarmos tudo em conta, não só o que os antigos sabiam, mas tudo o que sabemos hoje e eles não, acho que temos de admitir com franqueza que *não sabemos*.

Mas, ao admitir isso, provavelmente encontramos o canal aberto.

Essa ideia não é nova; essa é a ideia da idade da razão. Essa é a filosofia que guiou os homens que fizeram a democracia em que vivemos. A ideia de que, na verdade, ninguém sabe como governar levou à ideia de que deveríamos organizar um sistema em que novas ideias pudessem ser desenvolvidas, experimentadas, descartadas, mais ideias novas trazidas: um sistema de tentativa e erro. Esse método resultou do fato de que a ciência já mostrava ser um empreendimento de sucesso no final do século XVIII. Mesmo então, estava claro para pessoas socialmente interessadas que a abertura de possibilidades era uma oportunidade, e que a dúvida e a discussão eram essenciais para o avanço pelo desconhecido. Se quisermos resolver um problema que nunca resolvemos, temos de deixar entreaberta a porta do desconhecido.

Nossa responsabilidade como cientistas

Estamos no comecinho do tempo da raça humana. Não é insensato que enfrentemos problemas. Há dezenas de milhares de anos no futuro. Nossa responsabilidade é fazer o que pudermos, aprender o que pudermos, aprimorar as soluções e passá-las adiante. Nossa responsabilidade é deixar livres os homens do futuro. Na impetuosa juventude da humanidade, podemos cometer erros graves capazes de interromper nosso crescimento durante muito tempo. Isso faremos se dissermos que temos as respostas agora, tão jovens e ignorantes; se suprimirmos toda discussão, toda crítica, dizendo: "É isso aí, rapazes, o homem foi salvo!", e assim condenarmos o homem, durante muito tempo, aos grilhões da autoridade, confinado aos limites de nossa imaginação atual. Isso já foi feito muitas vezes.

Nossa responsabilidade como cientistas, conhecedores do grande progresso e do grande valor de uma filosofia satisfatória da ignorância, do grande progresso que é fruto da liberdade de pensamento, é proclamar o valor dessa liberdade, ensinar que não se deve temer a dúvida e sim recebê-la bem e discuti-la e exigir essa liberdade como nosso dever para com todas as gerações vindouras.

7. Relatório minoritário de Richard P. Feynman no inquérito sobre o ônibus espacial *Challenger*

Em 28 de janeiro de 1986, quando o ônibus espacial Challenger *explodiu pouco depois do lançamento, seis astronautas profissionais e uma professora primária morreram tragicamente. O país ficou arrasado, e a NASA foi forçada a sair da complacência provocada por anos de missões espaciais bem-sucedidas – ou, pelo menos, não letais. Formou-se uma comissão, encabeçada pelo secretário de Estado William P. Rogers e composta por políticos, astronautas, militares e um cientista, para investigar a causa do acidente e recomendar providências para impedir que desastre semelhante voltasse a acontecer. O fato de Richard Feynman ser aquele único cientista pode ter sido a diferença entre a resposta à pergunta de por que o* Challenger *falhou e o mistério eterno. Feynman era mais raçudo que a maioria e não temia viajar por todo o país para conversar com os homens em terra, os engenheiros que admitiram o fato de que a propaganda assumia a dianteira, à frente do cuidado e da segurança no programa espacial. Seu relatório, recebido pela Comissão como embaraçoso para a NASA, quase foi suprimido, mas Feynman lutou para incluí-lo; foi então relegado a um apêndice. Quando a Comissão deu uma entre-*

vista coletiva ao vivo para responder perguntas, Feynman fez sua hoje famosa experiência na mesa com uma das arruelas de vedação do foguete e uma xícara de água gelada. Isso provou de forma dramática que aquelas vedações importantíssimas tinham falhado porque o aviso dos engenheiros de que fazia frio demais para continuar com o lançamento foi desprezado pelos gerentes, ansiosos para impressionar os chefes com a pontualidade do cronograma da missão. Eis esse relatório histórico.

Introdução

Parece que há enormes diferenças de opinião quanto à probabilidade de falhas com perda do veículo e de vidas humanas. As estimativas variam de cerca de 1 em 100 a 1 em 100.000. Os números mais altos vêm de engenheiros em operação e os muito baixos, da administração. Quais as causas e consequências dessa falta de concordância? Como uma parte em 100.000 significa que seria possível lançar um ônibus espacial por dia durante trezentos anos com esperança de só perder um deles, seria mais apropriado perguntarmos: "Qual é a causa da fantástica fé da administração na maquinaria?"

Também descobrimos que é comum os critérios de certificação usados nas Revisões de Prontidão de Voo desenvolverem um rigor que decresce gradualmente. O argumento de que se correu o mesmo risco em voo anterior sem falhas costuma ser aceito como argumento em favor da segurança de corrê-lo de novo. Por isso, pontos fracos óbvios são repetidamente aceitos, às vezes sem que se tente remediá-los com seriedade suficiente ou adiar um voo devido à sua presença contínua.

Há várias fontes de informação. Foram publicados critérios de certificação que incluem históricos de modificações sob a forma de dispensas e desvios. Além disso, o registro das Revisões de Prontidão de Voo de cada lançamento documenta os argumentos usados para aceitar os riscos do voo. As informações foram obtidas em depoimentos diretos e relatórios do diretor de segurança de voo, Louis J. Ullian, em relação ao histórico de sucesso dos foguetes de combustível sólido. Houve outro estudo dele (como presidente do grupo de segurança de cancelamento de voos [LASP, na sigla em inglês]) que tentava determinar os riscos envolvidos em possíveis acidentes que provocassem contaminação radiativa com a tentativa de usar uma fonte de energia de plutônio [Gerador Termoelétrico de Radioisótopos, RTG na sigla em inglês] em futuras missões planetárias. O estudo da NASA sobre a mesma questão também está disponível. Quanto ao histórico dos motores principais dos ônibus espaciais, foram realizadas entrevistas com engenheiros e administradores em Marshall (Centro de Voos Espaciais George C. Marshall) e entrevistas informais com engenheiros da empresa Rocketdyne. Um engenheiro mecânico independente (CalTech) que assessorou a NASA a respeito dos motores também foi entrevistado informalmente. Houve uma visita a Johnson (Centro Espacial Lyndon B. Johnson) para coletar informações sobre a confiabilidade da aviônica (computadores, sensores e efetores). Finalmente, há o relatório *A Review of Certification Practices Potentially Applicable to Man-Rated Reusable Rocket Engines* (Revisão de práticas de certificação potencialmente aplicáveis a motores de foguete reaproveitáveis para transporte de seres humanos), preparado no Laboratório de Propulsão a Jato por N. Moore et al. em fevereiro de 1986 para o Escritório de Voos Espaciais na sede da NASA. Ele trata dos métodos usados pela FAA (Federal Aviation Administration, Agência Federal de Aviação dos Estados Unidos) e pelas forças armadas para certificar turbinas a gás e motores de foguetes. Esses autores também foram entrevistados informalmente.

Foguetes de combustível sólido (SRB)

Foi feita uma estimativa da confiabilidade dos foguetes de combustível sólido pelo diretor de segurança de voo, que estudou a experiência de todos os voos de foguete anteriores. De um total de quase 2.900 voos, 121 foram malsucedidos (1 em 25). No entanto, isso inclui os chamados erros precoces, foguetes lançados pela primeira vez nos quais erros de projeto foram descobertos e consertados. Um número mais sensato para os foguetes maduros seria 1 em 50. Com cuidado especial na seleção das peças e na inspeção, pode-se obter um número abaixo de 1 em 100, mas provavelmente 1 em 1.000 não seria obtenível com a tecnologia de hoje. (Como há dois foguetes no ônibus espacial, essas taxas de falha em foguetes devem ser dobradas para obter a taxa de falhas do ônibus devidas a falhas dos foguetes auxiliares de combustível sólido [Solid Rocket Booster, SRB].

As autoridades da NASA afirmam que o número é muito mais baixo. Elas ressaltam que esses números são para foguetes não tripulados, mas, como o ônibus espacial é tripulado, "a probabilidade de sucesso da missão é, necessariamente, muito próxima de 1,0". Não é muito claro o significado dessa frase. Ela significa que a probabilidade é próxima de 1 ou que deveria ser próxima de 1? Eles explicam: "Historicamente, esse grau altíssimo de sucesso das missões deu origem a uma diferença de filosofia entre programas espaciais tripulados e programas não tripulados; isto é, uso de probabilidade numérica contra avaliação da engenharia." (Essas citações são de "Space Shuttle Data for Planetary Mission RTG Safety Analysis" [Dados do ônibus espacial para análise de segurança do RTG em missão planetária], páginas 3-1, 3-2, 15 de fevereiro de 1985, NASA, Johnson Space Center.) É verdade que, se a probabilidade de falha fosse tão baixa quanto 1 em 100.000, seria necessário um número incalculável de testes para determiná-la (pois nada se conseguiria além de uma série de voos perfeitos, da qual não se tiraria um número exato, apenas que a probabilidade provavelmente seria menor do que o número de voos na série até então). Mas, se a probabilidade real não for tão pequena, os voos apresentarão problemas, quase falhas e possivelmente falhas reais, dentro de uma estimativa sensata. Na verdade, a experiência prévia da NASA mostrou, em certas ocasiões, exatamente essas dificuldades, quase acidentes e acidentes, todos avisando que a probabilidade de falhas em voo não era tão pequena. A incoerência do argumento para não determinar a confiabilidade por meio da experiência histórica, como fez o diretor de segurança de voo, é que a NASA também recorre à história e começa: "Historicamente, esse alto grau de sucesso em missões..." Finalmente, se substituíssemos o padrão de uso de probabilidade numérica pela avaliação da engenharia, por que encontramos uma disparidade tão enorme entre a estimativa da administração e a avaliação dos engenheiros? Parece que, seja qual for o propósito, para consumo interno ou externo, a administração da NASA exagera a confiabilidade de seu produto até as raias da fantasia.

A história da certificação e das Revisões de Prontidão de Voo não será repetida aqui. (Ver outra parte dos relatórios da Comissão.) O fenômeno da aceitação em voo de vedações com sinais de erosão e vazamento em voos anteriores é claríssimo. O voo do *Challenger* é um exemplo excelente. Há várias referências a voos que aconteceram antes. A aceitação e o sucesso desses voos são tomados como prova de segurança. Mas a erosão e os vazamentos não são o que o projeto previa. São avisos de que há algo errado. O equipamento não está funcionando como esperado e, portanto, há risco de operar, dessa maneira inesperada e não completamente entendida, com desvios ainda maiores. O fato de esse perigo não ter provocado uma catástrofe antes não garante que não provocará na próxima vez, a menos que seja completamente compreendido.

Quando se joga roleta russa, o fato de o primeiro tiro não matar é pouco consolo para o tiro seguinte. A origem e as consequências da erosão e do vazamento não foram compreendidas. Não ocorreram igualmente em todos os voos e em todas as juntas; às vezes mais, às vezes menos. Por que em algum momento, quando as condições que determinavam o problema, fossem quais fossem, estivessem corretas, isso não provocaria uma catástrofe?

Apesar dessas variações caso a caso, as autoridades se comportaram como se as entendessem, trocando argumentos aparentemente lógicos, em geral dependentes do "sucesso" de voos anteriores. Por exemplo, ao determinar que o voo 51-L era seguro diante de erosão de arruelas de vedação no voo 51-C, observou-se que a profundidade da erosão era de apenas um terço do raio. Em experiências com corte da arruela, foi observado que era necessário cortá-la na profundidade de um raio para que a vedação falhasse. Em vez de haver muita preocupação, porque variações de condições mal compreendidas poderiam, de forma sensata, criar uma erosão mais profunda dessa vez, afirmou-se que havia "um fator de segurança de três". Esse é um uso estranho da expressão "fator de segurança" da engenharia. Quando se constrói uma ponte para suportar determinada carga sem que as vigas se deformem permanentemente, se rachem nem se quebrem, pode-se projetá-la para que os materiais usados, na verdade, aguentem até o triplo da carga. Esse "fator de segurança" visa acomodar o excesso incerto de carga, ou cargas extras desconhecidas, ou fraquezas no material que possam ter falhas inesperadas etc. Agora, se a carga esperada chegar à nova ponte e surgir uma rachadura numa viga, temos uma falha de projeto. Não houve nenhum fator de segurança, ainda que a ponte na verdade não caísse porque a rachadura só atingiu um terço da espessura da viga. As arruelas dos foguetes de combustível sólido não foram projetadas para sofrer erosão. A erosão era uma pista de que havia algo errado. Não é da erosão que se pode deduzir segurança.

Sem compreensão total, não há como ter confiança de que, na vez seguinte, as condições não produzirão erosão três vezes maior do que na vez anterior. Ainda assim, as autoridades se enganaram ao pensar que tinham essa compreensão e confiança, apesar das variações peculiares caso a caso. Foi feito um modelo matemático para calcular a erosão. Era um modelo baseado não na compreensão física, mas no ajuste de uma curva empírica. Para ser mais detalhado, supunha-se uma corrente de gás quente sobre o material da arruela, e o calor era determinado no ponto de estagnação (até agora, dentro de leis físicas termodinâmicas sensatas). Mas para determinar quanta borracha seria erodida supôs-se que a erosão só dependeria desse calor, de acordo com uma fórmula deduzida segundo dados de um material semelhante. Um traçado logarítmico indicou uma linha reta, e supôs-se que a erosão variava com a potência 0,58 do calor, sendo esse 0,58 determinado pelo ajuste mais próximo. De qualquer modo, ajustando-se mais alguns números, determinou-se que o modelo era coerente com a erosão (na profundidade de um terço do raio da arruela). Não há nada mais errado nisso do que acreditar na resposta! Surgem incertezas por toda parte. A força da corrente de gás era imprevisível, dependeria de furos formados na massa. Os vazamentos mostraram que a arruela poderia falhar mesmo que não se erodisse totalmente, apenas parcialmente. Sabia-se que a fórmula empírica era incerta, pois não passava diretamente pelos mesmos pontos dos dados usados para determiná-la. Havia uma nuvem de pontos cerca de um dobro acima e cerca de um dobro abaixo da curva ajustada, de modo que, só por essa causa, seria sensato prever o dobro de erosão. Incertezas semelhantes cercavam as outras constantes da fórmula etc. etc. Quando se usa um modelo matemático, é preciso prestar atenção meticulosa às incertezas do modelo.

Motor de combustível líquido (SSME)

No voo 51-L, os três motores principais do ônibus espacial funcionaram perfeitamente, mas, no último momento, começaram a se desligar porque o suprimento de combustível começou a falhar. Mas surge uma questão: caso tivessem falhado e fôssemos investigá-los com detalhes, como fizemos com os motores de combustível sólido, encontraríamos falta de atenção às falhas e deterioração da confiabilidade semelhantes? Em outras palavras, os pontos fracos da organização que contribuíram para o acidente confinavam-se ao setor dos motores de combustível sólido ou seriam uma característica mais geral da NASA? Com esse fim, tanto os motores principais do ônibus espacial quanto a aviônica foram investigados. Não se fez estudo semelhante do orbitador nem do tanque externo.

O motor é uma estrutura muito mais complicada do que o motor de combustível sólido, e sua engenharia é bem mais detalhada. Em geral, a engenharia parece ser de alta qualidade e, aparentemente, deu-se atenção considerável às deficiências e falhas encontradas na operação.

O SSME costumeiro de projetar tais motores (para aeronaves civis ou militares) é o chamado sistema de componentes, ou projeto de baixo para cima. Primeiro é necessário compreender completamente as propriedades e limitações dos materiais a serem usados (para lâminas de turbinas, por exemplo) e, para determiná-las, começam-se os testes em montagens experimentais. Com esse conhecimento, projetam-se componentes maiores (como os rolamentos), testados individualmente. Deficiências e erros de projeto são corrigidos conforme vão sendo observados e verificados com novos testes. Como se testam apenas algumas peças de cada vez, esses testes e modificações não são excessivamente caros. Finalmente, elabora-se o projeto final do motor inteiro segundo as especificações necessárias. Há uma boa probabilidade, nesse momento, de que o motor seja em geral bem-sucedido ou de que quaisquer falhas sejam facilmente isoladas e analisadas porque os modos de falhar, as limitações do material etc. são muito bem compreendidos. Há uma ótima probabilidade de que as modificações do motor para contornar as dificuldades finais não sejam muito difíceis de fazer, pois a maioria dos problemas graves já foi descoberta e resolvida nos estágios anteriores e mais baratos do processo.

O motor principal do ônibus espacial foi tratado de maneira diferente, de cima para baixo, por assim dizer. O motor foi projetado e montado de uma vez, com relativamente poucos estudos preliminares detalhados do material e dos componentes. Então, quando se encontram problemas nos rolamentos, nas lâminas de turbinas, nos tubos de resfriamento etc., é mais caro e difícil descobrir as causas e fazer mudanças. Por exemplo, encontraram-se rachaduras nas lâminas das turbinas da turbobomba de oxigênio de alta pressão. Serão causadas por falhas do material, efeitos do oxigênio atmosférico sobre propriedades do material, tensões térmicas da partida ou do desligamento, vibração e tensões do funcionamento constante ou, principalmente, alguma ressonância em determinadas velocidades etc.? Quanto tempo podemos funcionar do início da rachadura ao defeito e até que ponto isso depende do nível de potência? Usar o motor completo como bancada de testes para resolver essas questões é caríssimo. Ninguém quer perder motores inteiros para descobrir onde e como ocorrem falhas. Mas um conhecimento acurado dessas informações é essencial para adquirir segurança quanto à confiabilidade do motor em uso. Sem compreensão detalhada, não se obtém segurança.

Outra desvantagem do método de cima para baixo é que, quando se obtém a compreensão de uma falha, a implementação de uma correção simples, como um novo formato do estojo da turbina, pode ser impossível sem reprojetar o motor como um todo.

O motor principal do ônibus espacial é uma máquina extraordinária. Tem uma razão de impulso maior em relação ao peso do que todos os motores anteriores. Foi construído à beira ou fora da experiência prévia em engenharia. Portanto, como esperado, surgiram muitos tipos de defeitos e dificuldades diferentes. E, infelizmente, como ele foi construído de cima para baixo, é difícil encontrar e resolver esses defeitos e dificuldades. A meta de um projeto com vida equivalente a 55 lançamentos em missão (27 mil segundos em operação, seja numa missão de 500 segundos, seja numa bancada de testes) não foi alcançada. O motor agora exige manutenção muito frequente e substituição de peças importantes, como turbobombas, rolamentos, estojos de folha metálica etc. A turbobomba de combustível de alta pressão teve de ser substituída a cada equivalente a três ou quatro missões (embora agora isso possa ter sido corrigido) e a turbobomba de oxigênio de alta pressão, a cada cinco ou seis. No máximo, isso é dez por cento da especificação original. Mas nossa principal preocupação aqui é a determinação da confiabilidade.

Num total de cerca de 250 mil segundos de funcionamento, os motores sofreram falhas graves talvez dezesseis vezes. A engenharia presta muita atenção a esses defeitos e tenta remediá-los o mais depressa possível. Isso é feito com estudos e testes em plataformas especiais projetadas experimentalmente para o defeito em questão, com inspeção meticulosa do motor atrás de pistas sugestivas (como rachaduras) e por estudo e análise consideráveis. Dessa maneira, apesar das dificuldades do projeto de cima para baixo, parece que, com muito trabalho, vários problemas foram resolvidos.

Segue uma lista de alguns problemas. Os seguidos por um asterisco (*) provavelmente foram resolvidos:

- Rachaduras em lâmina de turbina de turbobombas de combustível de alta pressão (HPFTP). (Talvez resolvido.)
- Rachaduras em lâmina de turbina e turbobombas de oxigênio de alta pressão (HPOTP).
- Ruptura da linha de ignitores de centelha aumentada (ASI).*
- Defeito na válvula de purga.*
- Erosão da câmara dos ASI.*
- Rachaduras no estojo de metal da HPFTP.
- Defeito no revestimento resfriador da HPFTP.*
- Defeito no cotovelo de saída da câmara de combustão principal.*
- Deslocamento da solda do cotovelo de entrada da câmara de combustão principal.*
- Turbina subsíncrona da HPOTP.*
- Sistema de interrupção de segurança da aceleração em voo. (Defeito parcial num sistema redundante).*
- Fragmentação de rolamentos. (Parcialmente resolvido).
- Vibração a 4 mil Hertz que torna inoperáveis alguns motores etc.

Muitos desses problemas resolvidos são as primeiras dificuldades de um projeto novo, pois treze deles ocorreram nos primeiros 125 mil segundos, e somente três nos 125 mil segundos seguintes. Naturalmente, nunca se pode ter certeza de que todos os defeitos foram consertados e, para alguns, o conserto pode não ter resolvido a verdadeira causa. Portanto, não é insensato supor que pode haver pelo menos uma surpresa nos próximos 250 mil segundos, uma probabilidade de 1/500 por motor por missão.

Numa missão, há três motores, mas alguns acidentes possivelmente serão contidos e só afetarão um motor. O sistema pode abortar com apenas dois motores. Portanto, digamos que as surpresas desconhecidas, mesmo por si sós, não nos permitam prever que a probabilidade de fracasso da missão devida ao motor principal do ônibus espacial seja menor do que 1/500. A isso, temos de somar a probabilidade de fracasso por problemas conhecidos mas ainda não resolvidos (os que não têm asterisco na lista acima). Esses discutiremos abaixo. (Engenheiros da Rocketdyne, o fabricante, estimam a probabilidade total em 1/10.000. Engenheiros de Marshall a estimam em 1/300, e a diretoria da NASA, à qual respondem esses engenheiros, afirma que é 1/100.000. Uma consultoria de engenharia independente da NASA calculou que 1 ou 2 por 100 seria uma estimativa sensata.)

O histórico dos princípios de certificação desses motores é confuso e difícil de explicar. A princípio, parece que a regra foi que dois motores de amostra precisam ter, cada um, o dobro de tempo funcionando sem falhas para que o tempo de funcionamento do motor seja certificado (regra de 2x). Pelo menos, essa é a prática da FAA, e a NASA parece tê-la adotado, esperando a princípio que o tempo certificado fosse de dez missões (portanto, vinte missões para cada amostra). É óbvio que os melhores motores para usar como comparação seriam os que têm mais tempo total de operação (voos mais testes), os chamados “líderes da frota”. Mas e se uma terceira amostra e várias outras falharem em pouco tempo? Sem dúvida não estaremos a salvo, porque duas foram incomuns ao durarem mais. O tempo curto pode ser representativo da possibilidade real e, no espírito do fator de segurança de 2, só deveríamos operar em metade do tempo das amostras de vida curta.

A lenta tendência rumo à redução do fator de segurança pode ser encontrada em muitos exemplos. Vejamos o das lâminas da turbina da HPFTP. Em primeiro lugar, a ideia de testar o motor inteiro foi abandonada. Cada número de motor teve muitas partes importantes (como as próprias turbobombas) substituídas em intervalos frequentes, de modo que a regra teve de ser passada dos motores aos componentes. Aceitamos uma HPFTP para o tempo de certificação se duas amostras funcionaram com sucesso, cada uma durante o dobro desse tempo (e, é claro, na prática, não insistindo mais que esse tempo seja de dez missões). Mas o que é "com sucesso"? A FAA chama de defeito uma rachadura numa lâmina de turbina, para realmente oferecer, na prática, um fator de segurança maior do que 2. Há um certo período em que o motor funciona entre a hora em que a rachadura começa e a hora em que fica grande a ponto de fraturar. (A FAA contempla novas regras que levam em conta esse tempo de segurança a mais, mas só se for analisado com muita atenção com modelos conhecidos dentro de uma faixa conhecida de experiência e com materiais meticulosamente testados. Nenhuma dessas condições se aplica ao motor principal do ônibus espacial.)

Encontraram-se rachaduras em muitas lâminas de turbina da HPFTP do segundo estágio. Num dos casos, encontraram-se três depois de 1.900 segundos, enquanto em outro elas só foram encontradas depois de 4.200 segundos, embora em geral esses períodos mais longos mostrassem rachaduras. Para acompanhar melhor essa história, teremos de entender que o desgaste depende, em grande parte, do nível de potência. O voo do *Challenger* deveria estar, como estiveram os voos anteriores, num nível de potência dito de 104% do nível de potência nominal durante a maior parte do tempo em que os motores funcionavam. A julgar por alguns dados de materiais, supõe-se que, no nível de 104% da potência nominal, o tempo até a rachadura seja o dobro do que a 109%, ou nível de potência total (NPT). Voos futuros estariam nesse nível devido à carga maior, e muitos testes foram feitos nesse nível. Portanto, dividindo por 2 o tempo a 104%, obtemos unidades chamadas de equivalentes ao nível de potência total (ENPT). (É óbvio que isso introduz alguma incerteza que não foi estudada.) As rachaduras mais precoces mencionadas acima ocorreram a 1.375 ENPT.

Agora a regra de certificação se torna "limitar todas as lâminas do segundo estágio ao máximo de 1.375 segundos ENPT". Caso se faça a objeção de que o fator de segurança 2 se perdeu, ressalta-se que a turbina funcionou durante 3.800 segundos ENPT sem rachaduras, e metade disso é 1.900, portanto estamos sendo mais conservadores. E enganamo-nos de três maneiras. Primeiro, temos apenas uma amostra, que não é o líder da frota, pois as duas outras amostras de 3.800 ou mais segundos tiveram no total 17 lâminas rachadas. (Há 59 lâminas no motor.) Em seguida, abandonamos a regra das 2x e a substituímos pelo tempo igual. Finalmente, foi em 1.375 que vimos a rachadura. Podemos dizer que não se encontrou nenhuma rachadura abaixo de 1.375, mas a última vez que olhamos e não vimos nenhuma rachadura foi a 1.100 segundos ENPT. Não sabemos quando a rachadura se formou entre esses dois períodos; por exemplo, elas podem ter se formado a 1.150 segundos ENPT. (Cerca de 2/3 dos conjuntos de lâminas testados durante mais de 1.375 segundos ENPT tiveram rachaduras. Na verdade, algumas experiências recentes mostraram rachaduras já em 1.150 segundos.) Era importante manter o número alto, pois o *Challenger* exigiria o motor até bem próximo do limite quando o tempo de voo terminasse.

Finalmente, afirmou-se que os critérios não foram abandonados e que o sistema é seguro abrindo-se mão da convenção da FAA de que não deveria haver rachaduras e considerando como defeito apenas uma lâmina completamente fraturada. Com essa definição, nenhum motor sofreu defeitos. A ideia é que, como há tempo suficiente para a rachadura virar fratura, podemos nos assegurar de que tudo está a salvo procurando rachaduras em todas as lâminas. Se forem encontradas, substitua-as, e se nenhuma for encontrada, temos tempo suficiente para uma missão segura. Isso faz com que o problema das rachaduras não seja um problema de segurança de voo, apenas um problema de manutenção.

Isso realmente pode ser verdade. Mas até que ponto sabemos que as rachaduras sempre aumentam tão lentamente que nenhuma fratura possa ocorrer numa missão? Três motores funcionaram por períodos longos com poucas lâminas rachadas (cerca de 3 mil segundos ENPT) e sem nenhuma lâmina quebrada.

Mas foi encontrada uma solução para essas rachaduras. Com a mudança do formato da lâmina, jateamento de granalha na superfície e cobertura com isolamento para excluir o choque térmico, até agora as lâminas não racharam.

Há uma história muito parecida no histórico da certificação da HPOTP, mas não daremos os detalhes aqui.

Em resumo, é evidente que as Revisões de Prontidão de Voo e as regras de certificação mostram, em alguns problemas do motor principal do ônibus espacial, deterioração bastante análoga à deterioração encontrada nas regras para motores de combustível sólido.

Aviônica

"Aviônica" denomina-se o sistema computadorizado do módulo orbital, assim como seus sensores de entrada e atuadores de saída. A princípio, nos restringiremos aos computadores propriamente ditos e não nos preocuparemos com a confiabilidade das informações vindas dos sensores de temperatura, pressão etc.

nem com a obediência fiel à saída dos computadores pelos atuadores dos foguetes, controles mecânicos, mostradores dos astronautas etc.

O sistema de computação é muito complexo e tem mais de 250 mil linhas de código. Entre outras coisas, ele é responsável pelo controle automático de toda a subida até a órbita e pela descida até bem dentro da atmosfera (abaixo de Mach 1) depois que se aperta um botão para decidir o local de pouso desejado. Seria possível fazer o pouso inteiro automaticamente (exceto por conta do sinal de descida do trem de aterrissagem, deixado expressamente fora do controle do computador para ser dado pelo piloto, ostensivamente por razões de segurança), mas esse pouso inteiramente automático provavelmente não é tão seguro quanto o pouso controlado pelo piloto. Durante o voo orbital, o computador é usado no controle de carga, na exibição de informações para os astronautas e na troca de informações com a Terra. É evidente que a segurança de voo exige a garantia de exatidão desse sistema elaborado de *hardware* e *software* de computador.

Em resumo, a confiabilidade do hardware é assegurada com quatro sistemas de computadores idênticos e essencialmente independentes. Quando possível, cada sensor também tem várias cópias, geralmente quatro, e cada cópia alimenta os quatro sistemas de computador. Se as entradas dos sensores discordarem, dependendo das circunstâncias, certas médias ou uma seleção por maioria são usadas como entrada efetiva. O algoritmo utilizado por cada um dos quatro computadores é exatamente o mesmo, de modo que suas entradas (já que todos veem todas as cópias de sensores) são as mesmas. Portanto, a cada passo o resultado de cada computador deveria ser idêntico. De tempos em tempos, eles são comparados, mas como podem operar com velocidades um pouquinho diferentes, instituiu-se um sistema de parada e espera em momentos específicos antes de fazer cada comparação. Se um dos computadores discordar ou demorar demais para dar uma resposta, supõe-se que os três que concordam estejam certos e o computador desviante é completamente retirado do sistema. Agora, se outro computador falhar, avaliado pela concordância dos outros dois, ele é retirado do sistema, o resto do voo é cancelado, e a descida para o local de pouso é instituída, controlada pelos dois computadores restantes. Vê-se que é um sistema redundante, já que a falha de apenas um computador não afeta a missão. Finalmente, como mais uma característica de segurança, há um quinto computador independente, cuja memória está carregada apenas com os programas de ascensão e descida, capaz de controlar a descida caso haja falha em mais de dois computadores do sistema principal de quatro.

Na memória dos computadores do sistema principal, não há espaço suficiente para todos os programas de ascensão, descida e controle de carga em voo, e a memória é carregada cerca de quatro vezes pelos astronautas, usando fitas magnéticas.

Devido ao enorme esforço necessário para substituir o software de um sistema tão complexo e para testar minuciosamente um novo sistema, o hardware não foi alterado desde que o sistema começou, há uns quinze anos. O hardware está obsoleto; por exemplo, as memórias são do tipo antigo, com núcleo de ferrite. Está ficando mais difícil encontrar fabricantes que forneçam computadores tão antigos com confiabilidade e alta qualidade. Os computadores modernos são muito mais confiáveis, trabalham muito mais depressa, simplificam os circuitos e permitem fazer mais, e não exigem tanto carregamento da memória, pois suas memórias são muito maiores.

O software é verificado com muito cuidado, de baixo para cima. Em primeiro lugar, cada nova linha de código é verificada, depois setores de código ou módulos com função especial são verificados. O alcance aumenta passo a passo até as novas mudanças serem incorporadas num sistema completo e comprovado. Essa saída completa é considerada o produto final recém-lançado. Mas, de forma completamente independente, há outro grupo de verificação que assume uma atitude adversária ao grupo de desenvolvimento de software e testa e verifica os programas como se fosse o cliente de um produto entregue. Há outras verificações ao usar os novos programas em simuladores etc. A descoberta de um erro nos testes de verificação é considerada gravíssima, e sua origem é estudada com muito cuidado para evitar o mesmo erro no futuro. Esses erros inesperados só foram encontrados seis vezes em toda a programação e mudanças de programas (para cargas novas ou alteradas) foram feitas. O princípio seguido é de que toda a verificação não é um aspecto da segurança do programa, é meramente um teste daquela segurança numa verificação não catastrófica. A segurança de voo será avaliada apenas de acordo com o resultado dos programas nos testes de verificação. Uma falha aqui gera preocupação considerável.

Assim, para resumir, a atitude e o sistema de verificação do software são da mais alta qualidade. Parece não haver o processo de enganar-se gradualmente enquanto se degradam os padrões, tão característico dos sistemas de segurança do motor de combustível sólido ou do motor principal do ônibus espacial. É claro que houve sugestões recentes da diretoria para reduzir esses testes tão complexos e caros por serem desnecessários em data tão avançada da história do ônibus espacial. É preciso resistir, pois isso não leva em conta as influências mútuas e sutis e as fontes de erro geradas até por mudanças, mesmo que pequenas, numa ou noutra parte de um programa. Há requisições perpétuas de mudanças conforme novas cargas, exigências e modificações são sugeridas pelos usuários. As mudanças são caras porque exigem testes extensos. A forma apropriada de economizar é reduzir o número de pedidos de mudança, não a qualidade dos testes de cada uma delas.

Deve-se acrescentar que o sistema complexo poderia melhorar muito com hardware e técnicas de programação mais modernos. Qualquer concorrência externa traria todas as vantagens de um recomeço, e agora se deveria considerar com atenção se essa é uma boa ideia para a NASA.

Finalmente, voltando aos sensores e atuadores do sistema de aviônica, achamos que a atitude diante da confiabilidade e das falhas do sistema não é tão boa quanto diante do sistema de computadores. Por exemplo, houve dificuldade com certos sensores de temperatura que às vezes falham. Mas, dezoito meses depois, os mesmos sensores ainda eram usados, ainda falhavam de vez em quando, até que um lançamento teve de ser cancelado porque dois deles falharam ao mesmo tempo. Até num voo posterior, esse sensor não confiável foi novamente usado. Mais uma vez, os sistemas de controle de reação, os jatos usados para reorientar e controlar o voo, ainda são um tanto falíveis. Há considerável redundância, mas também um longo histórico de defeitos, nenhum dos quais extenso a ponto de afetar gravemente um voo. A ação dos jatos é verificada por sensores e, se eles não dispararem, os computadores escolhem outro jato. Mas eles não são projetados para falhar, e o problema deveria ser resolvido.

Conclusões

Para manter um cronograma sensato de lançamentos, muitas vezes a engenharia não tem rapidez suficiente para acompanhar as expectativas de critérios de certificação originalmente conservadores, pensados para assegurar um veículo muito seguro. Nessas situações, de forma sutil e, em geral, com argumentos aparentemente lógicos, os critérios são alterados para que os voos ainda possam ser certificados a tempo. Portanto, eles acontecem em condições relativamente inseguras, com probabilidade de falha da ordem de 1% (é difícil ser mais preciso).

A diretoria oficial, por outro lado, afirma acreditar que a probabilidade de falha é mil vezes menor. Uma das razões pode ser a tentativa de assegurar ao governo a perfeição e o sucesso da NASA para garantir a concessão de recursos. Outra pode ser que eles sinceramente acreditem que isso seja verdade, demonstrando uma falta de comunicação quase inacreditável com seus engenheiros em campo.

De qualquer modo, as consequências disso foram muito desafortunadas, a mais grave das quais é estimular cidadãos comuns a voarem em máquina tão perigosa como se ela tivesse obtido a segurança de um avião de carreira comum. Os astronautas, como pilotos de teste, devem conhecer o risco, e os louvamos pela coragem. Quem duvidaria que [a professora Christa] McAuliffe também fosse uma pessoa de grande coragem, mais próxima da consciência do verdadeiro risco do que a diretoria da NASA nos faria acreditar?

Vamos fazer recomendações para assegurar que as autoridades da NASA trabalhem num mundo de realidade com compreensão suficiente das imperfeições e fraquezas tecnológicas para tentar ativamente eliminá-las. Eles têm de viver na realidade quando comparam os custos e a utilidade do ônibus espacial a outros métodos de chegar ao espaço. E têm de ser realistas ao fazer contratos e estimar os custos e a dificuldade dos projetos. Só devem ser propostos cronogramas de voo realistas, que tenham uma probabilidade razoável de serem seguidos. Se dessa maneira o governo não os apoiar, que seja. Para com os cidadãos a quem pede apoio, a NASA tem obrigação de ser franca, honesta e informativa, de modo que esses cidadãos possam tomar as decisões mais sábias quanto ao uso de seus recursos limitados.

Para que a tecnologia seja bem sucedida, a realidade precisa ter precedência sobre as relações públicas, pois não é possível enganar a natureza.

8. O que é ciência?

O que é ciência? É bom senso! Será? Em abril de 1966, o grande professor fez uma palestra na Associação Nacional de Professores de Ciências dos Estados Unidos – NSTA, em inglês – em que deu aos colegas lições de como ensinar os alunos a pensarem como cientistas e verem o mundo com curiosidade, mente aberta e, acima de tudo, dúvida. Esta palestra também é um tributo à enorme influência que o pai de Feynman, vendedor de fardas, teve sobre sua maneira de olhar o mundo.

Agradeço ao Sr. DeRose pela oportunidade de me unir a vocês, professores de Ciências. Também sou professor de Ciências. Tenho experiência demais em ensinar Física a alunos de pós-graduação e, como resultado dessa experiência, sei que não sei ensinar.

Tenho certeza de que vocês, que são professores de verdade que trabalham no nível mais baixo dessa hierarquia de professores, instrutores de professores, especialistas em currículos, também têm certeza de que não sabem ensinar; se não fosse assim, não se dariam ao trabalho de vir à Convenção.

O tema "O que é Ciência?" não é escolha minha. Foi o tema do Sr. DeRose. Mas gostaria de dizer que acho que "O que é Ciência?" não equivale, de jeito nenhum, a "como ensinar Ciências", e devo chamar sua atenção para isso por duas razões. Em primeiro lugar, pelo modo como preparo esta palestra, talvez pareça que estou tentando lhes dizer como ensinar Ciências; não, de jeito nenhum, porque não sei nada sobre crianças pequenas. Tenho uma e sei que não sei. A outra é que acho que a maioria de vocês (porque se fala muito e há muitos artigos e muitos especialistas no campo) têm algum tipo de sensação de falta de autoconfiança. De certa maneira, vivem lhes dizendo que a situação não vai muito bem e que deveriam aprender a ensinar melhor. Não vou censurá-los pelo mau trabalho que estão fazendo nem indicar como melhorá-lo definitivamente; não é essa minha intenção.

Na verdade, temos alunos muito bons chegando ao CalTech, e com o passar dos anos eles estão cada vez melhores. Agora, como isso é feito, não sei. Gostaria de saber se vocês sabem. Não quero interferir no sistema, que é muito bom.

Apenas dois dias atrás fizemos uma reunião e decidimos que não temos mais de dar um curso de mecânica quântica elementar na pós-graduação. Quando eu era estudante, não havia curso de mecânica quântica, nem mesmo na pós-graduação; o tema era considerado difícil demais. Quando comecei a ensinar, tínhamos um só. Agora ensinamos isso na graduação. E descobrimos que não precisamos ter mecânica quântica elementar na pós-graduação para alunos vindos de outras escolas. Por que o tema está descendo? Porque somos capazes de ensinar melhor na universidade, e isso porque os estudantes que chegam estão mais bem preparados.

O que é ciência? É claro que vocês todos devem saber, já que a ensinam. É bom senso! O que posso dizer? Se vocês não sabem, o livro do professor de todos os livros didáticos faz uma discussão completa do assunto. Há algum tipo de purificação distorcida e palavras diluídas e misturadas de Francis Bacon alguns séculos atrás, palavras que na época deveriam ser a mais profunda filosofia da ciência. Mas um dos maiores cientistas experimentais da época que realmente fazia alguma coisa, William Harvey[1], disse que o que Bacon disse que a ciência era seria a ciência que um Lorde Chanceler faria. Ele falava em fazer observações, mas omitiu o fator vital da avaliação do que observar e a que prestar atenção.

Portanto, a ciência não é o que os filósofos disseram e, com certeza, não é o que dizem os livros do professor. O que ela é é um problema que formulei para mim depois que disse que faria esta palestra.

E algum tempo depois me lembrei de um pequeno poema.

A centipede was happy quite, until a toad in fun
Said, "Pray, which leg comes after which?"
This raised his doubts to such a pitch
He fell distracted in the ditch
Not knowing how to run.[2]

Em minha vida inteira, venho fazendo ciência e sabendo o que é, mas o que vim lhes dizer – qual pé entra primeiro na sala – sou incapaz de fazer, e além disso fico com medo, numa analogia com o poema, de que ao chegar em casa eu não consiga mais fazer nenhuma pesquisa.

1 William Harvey (1578-1657) descobriu o sistema circulatório do corpo.

2 Vivia alegre a centopeia até o sapo lhe dizer: / "Com tanto pé, qual entra antes na sala?" / Isso lhe aumentou a dúvida em tal escala / Que ela caiu distraída na vala / Sem saber mais correr. [N.T.]

Houve muitas tentativas de vários repórteres de obter algum tipo de resumo desta palestra; eu a preparei há pouco tempo, portanto era impossível; mas consigo ver todos saindo correndo agora para escrever uma manchete que diz: "Professor chama de sapo o presidente da NSTA".

Nessas circunstâncias de dificuldade do tema e de meu desagrado por exposições filosóficas, vou apresentá-la de um jeito bem pouco comum. Vou apenas lhes contar como aprendi o que é ciência. É um pouquinho infantil. Aprendi quando criança. Tive isso no sangue desde o começo. E gostaria de lhes contar como foi. Soa como se eu estivesse tentando lhes dizer como ensinar, mas não é essa minha intenção. Vou lhes contar o que é a ciência explicando como aprendi como é a ciência.

Meu pai fez isso comigo. Quando minha mãe estava grávida de mim, conta-se – não tenho conhecimento direto da conversa – conta-se que meu pai disse que, "se for menino, será cientista". Como ele fez isso? Ele nunca me disse que eu deveria ser cientista. Ele não era cientista; era um homem de negócios, gerente de vendas de uma empresa que produzia fardas, mas lia sobre ciência e adorava.

Quando eu era bem pequeno – é a história mais antiga que conheço –, quando eu ainda comia na cadeira alta, meu pai brincava comigo depois do jantar. Em algum lugar da cidade de Long Island, ele comprara um monte de pastilhas velhas para piso de banheiro. Colocávamos todas elas em pé, uma ao lado da outra, e ele me deixava empurrar a da ponta e observar a coisa toda ir caindo. Até aí, tudo bem.

Em seguida, a brincadeira melhorou. As pastilhas eram de cores diferentes. Eu tinha de pôr uma branca, duas azuis, uma branca, duas azuis, outra branca e mais duas azuis – talvez eu quisesse pôr outra azul, mas tinha de ser uma branca. Vocês já reconheceram a esperteza insidiosa de sempre: primeiro agrade a criança brincando, depois, devagar, injete material de valor educativo!

Bom, minha mãe, que é uma mulher muito mais sensível, começou a perceber como o esforço dele era insidioso, e disse: "Mel, vá, deixe o pobre do menino pôr uma pastilha azul se ele quiser." Meu pai respondeu: "Não, quero que ele preste atenção aos padrões. É a única coisa matemática que posso fazer em nível tão inicial." Se eu estivesse fazendo uma palestra sobre "O que é matemática?", já teria lhes respondido. Matemática é procurar padrões. (O fato é que essa educação teve algum efeito. Fizemos um teste experimental direto na época em que cheguei ao jardim de infância. Aprendíamos tecelagem naquela época. Já tiraram; é difícil demais para crianças. Costumávamos tecer papel colorido em tiras verticais e fazer padrões. A professora do jardim de infância ficou tão espantada que mandou uma carta especial para minha casa dizendo que essa criança era muito incomum, porque parecia capaz de perceber antes da hora que padrão receberia e tecer padrões complicadíssimos. Portanto, o jogo das pastilhas fez alguma coisa comigo.)

Gostaria de relatar outra prova de que a matemática não passa de padrões. Quando estava em Cornell, fiquei bastante fascinado pelo corpo discente, que me parecia uma mistura diluída de algumas pessoas sensatas numa grande massa de gente burra estudando economia doméstica etc., inclusive montes de garotas. Eu costumava me sentar no refeitório com os estudantes para comer e tentar ouvir suas conversas e ver se surgia alguma palavra inteligente. Imaginem minha surpresa quando descobri uma coisa tremenda, a mim me pareceu.

Escutei a conversa de duas moças, e uma explicava que, se a gente quiser fazer uma linha reta, sabe, a gente avança um certo número para a direita a cada carreira que a gente sobe, isto é, se a gente toda vez avançar a mesma quantidade quando subir uma carreira, fica uma linha reta. Um profundo princípio de geometria analítica! E continuou. Fiquei muito espantado. Não sabia que a mente feminina era capaz de entender geometria analítica.

Ela continuou dizendo: "Suponha que você tenha outra linha vindo do outro lado e quer descobrir onde vão se cruzar. Suponha que uma linha avança dois pontos para a direita a cada carreira que você sobe, e a outra linha avança três pontos para a direita a cada carreira que sobe, e elas começam a vinte pontos de distância" etc. – fiquei embasbacado. Ela descobriu onde ficava o cruzamento! Acontece que uma moça explicava à outra como tricotar meias *argyle*, axadrezadas em losangos.

Portanto, aprendi uma lição: a mente feminina é capaz de entender geometria analítica. Aquelas pessoas que vinham insistindo durante anos (diante de todas as provas óbvias do contrário) que homens e mulheres são iguais e capazes de pensamento racional podem ter certa razão. A dificuldade talvez seja que ainda não descobrimos um modo de nos comunicar com a mente feminina. Se for feito do jeito certo, talvez se consiga alguma coisa.

Agora vou continuar com minha experiência quando criança com a matemática.

Outra coisa que meu pai me contou – e nem consigo explicar direito, porque foi mais uma emoção do que uma revelação – foi que a razão entre a circunferência e o diâmetro de todos os círculos era sempre a mesma, não importava o tamanho. Isso não me parecia impossível, mas a razão tinha algumas propriedades maravilhosas. Era um número maravilhoso, um número profundo, pi[3]. Havia um mistério nesse número que eu não entendia direito quando jovem, mas era uma coisa grandiosa, e o resultado foi que eu procurava π por toda parte.

---

3 Isto é, a letra grega minúscula π.

Mais tarde, na escola, quando eu estava aprendendo a calcular as frações decimais e como fazer 3⅛, escrevi 3,125 e, pensando ter reconhecido um amigo, escrevi que era igual a π, a razão entre a circunferência e o diâmetro de um círculo. A professora corrigiu para 3,1416.

Ilustro essas coisas para mostrar uma influência. A ideia de que há um mistério, de que há algo maravilhoso no número era importante para mim, não o que era o número. Muitíssimo depois, quando eu fazia experiências no laboratório – quer dizer, em meu laboratório doméstico próprio, brincando – não, desculpem, eu não fazia experiências, nunca fiz; eu só brincava. Fiz rádios e aparelhinhos. Brinquei. Aos poucos, com livros e manuais, comecei a descobrir que havia fórmulas aplicáveis à eletricidade que relacionavam corrente e resistência e coisa e tal. Certo dia, olhando as fórmulas num livro qualquer, descobri a fórmula da frequência de um circuito ressonante, que era $2\pi\sqrt{LC}$, onde L é a indutância e C, a capacitância do circuito. E lá estava π, e onde estava o círculo? Vocês riem, mas eu fiquei muito sério na época: π era uma coisa com círculos, e ali estava π saindo de um circuito elétrico em vez do círculo. Vocês que riram sabem como esse π apareceu?

Tenho de adorar essa coisa. Tenho de procurar por ela. Tenho de pensar nela. Então percebi, é claro, que as bobinas são feitas em círculos. Cerca de seis meses depois, encontrei outro livro que dava a indutância de bobinas redondas e quadradas, e havia outro π nessas fórmulas. Comecei a pensar nisso de novo e percebi que o π não vinha das bobinas circulares. Hoje entendo melhor; mas no fundo ainda não sei direito onde está aquele círculo de onde vem aquele π. [...]

Gostaria de dizer algumas palavras – posso interromper minha historinha? – sobre palavras e definições, porque é necessário aprender as palavras. Isso não é ciência. Só porque não é ciência, não significa que não tenhamos de ensinar as palavras. Não estamos falando do que ensinar; estamos falando do que é a ciência. Não é ciência saber como mudar de centígrados para Fahrenheit. É necessário, mas não exatamente ciência. No mesmo sentido, se vamos discutir o que é a arte, ninguém vai dizer que arte é o conhecimento do fato de que um lápis 3B é mais macio do que um lápis 2H. É uma diferença distinta. Isso não significa que o professor de Artes não deva ensinar isso ou que o artista vá muito bem se não souber. (Na verdade, dá para descobrir num instante experimentando; mas esse é um modo científico que os professores de Artes talvez não pensem em explicar.)

Para conversar, precisamos ter palavras, e tudo bem. É boa ideia tentar ver a diferença, e é boa ideia saber quando estamos ensinando as ferramentas da ciência, como as palavras, e quando estamos ensinando ciência propriamente dita.

Para deixar ainda mais claro meu ponto de vista, escolherei um determinado livro de Ciências para criticar desfavoravelmente, o que é injusto, porque tenho certeza de que, com um pouco de engenhosidade, consigo encontrar coisas igualmente desfavoráveis para dizer sobre outros livros.

Há um livro de ciências do primeiro ano que, na primeira lição do primeiro ano, começa de maneira infeliz a ensinar Ciências, porque começa pela ideia errada do que é a ciência. Há a imagem de um cão, um cãozinho de corda de brinquedo, e uma mão vai até a corda e depois o cão pode se mover. Debaixo da última figura, está escrito: "O que o faz se mover?" Mais adiante, há a figura de um cão de verdade e a pergunta: "O que o faz se mover?" Então vem a figura de uma motocicleta e a pergunta: "O que a faz se mover?" E assim por diante.

A princípio, achei que estavam se preparando para dizer do que a ciência trataria: física, biologia, química. Mas não. A resposta estava no livro do professor; a resposta que eu estava tentando aprender era que "a energia faz tudo isso se mover".

Ora, energia é um conceito muito sutil. É dificílimo de entender direito. Quero dizer com isso que não é fácil entender bem a energia a ponto de usá-la direito, de modo que possamos deduzir alguma coisa corretamente usando a ideia da energia. É demais para o primeiro ano. Seria igualmente bom dizer que "Deus faz tudo isso se mover", ou "o espírito faz tudo isso se mover", ou "a mobilidade faz tudo isso se mover". (Na verdade, seria igualmente bom dizer "a energia faz tudo isso parar".)

Vejam por este lado: essa é apenas a definição de energia. Deveria ser invertida. Podemos dizer, quando alguma coisa se move, que há energia nela, mas não que "o que faz isso se mover é energia". Há uma diferença muito sutil. É o mesmo com essa proposição da inércia. Talvez eu consiga tornar a diferença um pouco mais clara do seguinte modo:

Se a gente perguntar a uma criança o que faz o cachorro de brinquedo se mover, se a gente pergunta a um ser humano comum o que faz o cachorro de brinquedo se mover, eis o que se deveria pensar. A resposta é que a gente dá corda e aperta a mola; esta tenta se desenrolar e faz a engrenagem girar. Que jeito ótimo de começar um curso de Ciências! Desmonte o brinquedo; veja como ele funciona. Veja a inteligência das engrenagens; veja as catracas. Aprenda algo sobre o brinquedo, o modo como é montado, a engenhosidade das pessoas que inventaram as catracas e outras coisas. Isso é bom. A pergunta é ótima. A resposta é um pouco infeliz, porque o que estão tentando fazer é ensinar uma definição de energia. Mas nada se aprende.

Suponhamos que um aluno diga: "Não acho que a energia faça isso se mover". A partir daí, aonde vai a discussão?

Finalmente imaginei um jeito de testar se a gente ensinou uma ideia ou só ensinou uma definição. Teste assim: a gente diz: "Sem usar a palavra nova que você acabou de aprender, tente explicar o que acabou de aprender com suas próprias palavras." "Sem usar a palavra 'energia', me conte agora o que sabe sobre o movimento do cachorro." Não dá. Então a gente não aprendeu nada, só a definição. Não aprendeu nada sobre ciência. Tudo bem, talvez. Talvez a gente não queira aprender nada sobre ciência no começo. É preciso aprender definições. Mas será que, na primeiríssima aula, isso não será destrutivo?

Acho que, para a lição número um, aprender uma fórmula mística para responder perguntas é muito ruim. O livro tem mais algumas: "a gravidade o fez cair", "a sola do sapato se desgasta devido à fricção". O couro do sapato se desgasta porque se esfrega na calçada e as pequenas asperezas da calçada engancham e arrancam os pedacinhos. Dizer simplesmente que é devido à fricção é triste porque não é ciência.

Meu pai lidava um pouquinho com energia e usou a palavra depois que eu já tinha alguma ideia do que era. O que ele teria feito eu sei, porque, na verdade, ele fez essencialmente a mesma coisa – só não usou o mesmo exemplo do cachorro de brinquedo.

Se quisesse dar a mesma aula, ele diria:

– Ele se move porque o sol está brilhando.

E eu diria:

– Não. O que isso tem a ver com o sol brilhando? Ele se move porque dei corda.

– E por que, meu amigo, você foi capaz de dar corda e armar a mola?

– Porque eu como.

– E o que você come, meu amigo?

– Como plantas.

– E como é que elas crescem?

– Elas crescem porque o sol está brilhando.

E é a mesma coisa com o cachorro. E a gasolina? Energia do sol acumulada, capturada pelas plantas e preservada no solo. Outros exemplos acabam todos com o sol. E assim a mesma ideia sobre o mundo que nosso livro didático tenta passar é explicada de um jeito muito empolgante. Todas as coisas que vemos estão se movendo porque o sol está brilhando. Isso explica a relação entre uma fonte de energia e outra, e pode ser negado pela criança. Ela pode dizer: "Acho que não é porque o sol está brilhando", e aí podemos começar uma discussão. Portanto, há uma diferença. (Mais tarde eu desafiaria o menino com as marés e o que faz a Terra girar, e poria a mão no mistério de novo.)

Esse é apenas um exemplo da diferença entre definições (que são necessárias) e ciência. A única objeção, nesse caso específico, foi ter sido a primeira lição. Sem dúvida teria de vir depois, para dizer o que é energia, mas não com perguntas tão simples como "O que faz o cão se mover?" A criança deveria receber uma resposta de criança: "Vamos abrir e dar uma olhada."

Em passeios no bosque com meu pai, aprendi muito. No caso dos passarinhos, por exemplo. Em vez de dar seu nome, meu pai dizia:

– Olhe, observe que o passarinho está sempre bicando as penas. Ele bica muito as penas. Por que você acha que ele bica as penas?

Achei que era porque as penas estavam arrepiadas e ele queria endireitar. Então papai perguntou:

– Tudo bem, e quando as penas se arrepiam, ou como se arrepiam?

– Quando ele voa. Quando ele anda, tudo bem, mas quando ele voa as penas se arrepiam.

Aí ele diria:

– Então você acha que, se o passarinho acabou de pousar, ele teria de bicar mais as penas do que depois que alisou tudo e está só andando um pouco pelo chão. Tudo bem; vamos olhar.

E a gente olhava, e a gente observava, e, no fim das contas, pelo que pude perceber, o passarinho bicou as penas o mesmo número de vezes e com a mesma frequência, sem importar se estava andando no chão e não só diretamente depois do voo.

Portanto, meu palpite estava errado, e eu não tinha conseguido adivinhar a verdadeira razão. Meu pai revelou qual era: os passarinhos têm piolhos. Meu pai me ensinou que há escaminhas que se soltam das penas, coisinhas que podem ser comidas e que o piolho come. Então, na articulação entre os setores das patas do piolho, há um pouquinho de cera que vaza, e há um ácaro que mora ali e come essa cera. Mas o ácaro tem uma fonte de alimento tão boa que não digere tudo muito bem, e pela outra ponta sai um líquido que tem açúcar demais, e desse açúcar vive uma criaturinha minúscula etc.

Os fatos não estão corretos. O espírito está correto. Primeiro aprendi sobre parasitismo, um sobre o outro, sobre o outro, sobre o outro. Depois, ele continuou dizendo que, no mundo, sempre que há qualquer fonte de alguma coisa que possa ser comida para fazer a vida continuar, alguma forma de vida dará um jeito de usar essa fonte; e cada pedacinho de coisa jogada fora é comido por alguma coisa.

Ora, a razão disso é que o resultado da observação, mesmo que a gente não consiga chegar às últimas conclusões, é uma pepita de ouro, com um resultado maravilhoso. Foi algo maravilhoso.

Suponhamos que me mandassem observar, fazer uma lista, escrever tudo, fazer isso, olhar, e quando eu escrevesse minha lista ela ficasse arquivada com mais 130 listas no fim de um caderno. Eu aprenderia que o resultado da observação é relativamente chato, que nada de bom sai daí.

Acho que é importantíssimo – pelo menos, para mim foi – que, se é para ensinar os outros a fazer observações, é preciso mostrar que algo maravilhoso pode sair daí. Aprendi então o que era ciência. Era paciência. Se a gente olhasse, observasse, prestasse atenção, teria uma grande recompensa (embora, talvez, nem todas as vezes). Em consequência, quando me tornei um homem mais maduro, eu trabalhava meticulosamente, hora após hora, durante anos, nos problemas – às vezes muitos anos, às vezes períodos mais curtos – muitos deles dando errado, montes de coisas no cesto de lixo, mas de vez em quando ali estava o ouro do novo entendimento que eu aprendera a esperar quando menino, o resultado da observação. Porque não aprendi que não valia a pena observar.

Aliás, na floresta aprendemos outras coisas. Saíamos para passear e ver todas as coisas comuns, e conversar sobre muitas coisas; sobre plantas que cresciam, a luta das árvores pela luz, como tentam chegar o mais alto possível, e resolver o problema de levar a água a mais de dez ou doze metros, as plantinhas no chão que procuram o pouquinho de luz que passa, todo esse crescimento e coisa e tal.

Certo dia, depois que vimos tudo isso, meu pai me levou de novo para a floresta e disse:

– Em todo o tempo que ficamos olhando a floresta, só vimos metade do que está acontecendo, exatamente a metade.

Eu perguntei:

– Como assim?

Ele respondeu:

– Ficamos olhando todas essas coisas que crescem; mas para cada pouquinho de crescimento tem de haver a mesma quantidade de decomposição, senão as matérias-primas seriam consumidas para sempre. As árvores mortas ficariam lá caídas depois de usar tudo o que há no ar e na terra, que não voltaria para o ar nem para a terra, e nada mais cresceria porque não haveria matéria-prima disponível. Para cada pouquinho de crescimento tem de haver exatamente a mesma quantidade de decomposição.

Então se seguiram muitos passeios pelo bosque, nos quais abríamos tocos velhos, víamos insetos engraçados e fungos crescendo. Ele não podia me mostrar as bactérias, mas vimos o efeito de amolecimento e coisa e tal. Vi a floresta como um processo de viragem constante das matérias-primas.

Havia muitas coisas assim, descrições de coisas, de jeitos esquisitos. Ele costumava falar sobre alguma coisa assim:

– Imagine que um homem de Marte descesse aqui e olhasse o mundo.

É um jeito ótimo de olhar o mundo. Por exemplo, quando eu brincava com meu trem elétrico, ele me disse que há uma roda grande girada pela água que fica ligada por filamentos de cobre, que se espalham e se espalham e se espalham em todas as direções; depois há as rodinhas, e as rodinhas giram quando a roda grande gira. A relação entre elas é só que há cobre e ferro, nada mais, nenhuma engrenagem. A gente gira uma roda aqui e todas as rodinhas, por toda parte, giram, e seu trem é uma delas. Era um mundo maravilhoso do qual meu pai me falava. [...]

O que é a ciência, penso eu, pode ser algo assim: houve neste planeta uma evolução da vida até o estágio em que havia animais evoluídos, que são inteligentes. Não quero dizer apenas seres humanos, mas animais que brincam e que conseguem aprender alguma coisa com a experiência (como os gatos). Mas nesse estágio, cada animal tinha de aprender por experiência própria. Aos poucos eles se desenvolveram até que algum animal conseguiu aprender por experiência mais depressa e conseguiu aprender até com a experiência dos outros, observando, ou um podia mostrar ao outro, ou ele via o que o outro fazia. Então surgiu a possibilidade de que todos pudessem aprender, mas a transmissão era ineficiente e eles morriam, e talvez o que aprendeu morresse também antes de passar aos outros.

A questão é: será possível aprender o que alguém aprendeu por acidente mais depressa do que a coisa é esquecida, por falta de memória ou devido à morte de quem aprendeu ou inventou?

Então houve um tempo, talvez, em que, para algumas espécies, a taxa de aumento de aprendizado chegou a tal nível que, de repente, uma coisa completamente nova aconteceu: as coisas podiam ser aprendidas por um animal, passadas a outro e mais outro com velocidade suficiente para que a raça não as perdesse. Portanto, tornou-se possível o acúmulo de conhecimento da raça.

Isso foi chamado de *time-binding* – ligação temporal. Não sei quem deu esse nome[4]. Seja como for, temos aqui algumas amostras desses animais, sentados aí tentando ligar uma experiência a outra, cada um tentando aprender com o outro.

---

4 Alfred Korzybski, nas obras *Manhood of Humanity* (1921) e *Science and Sanity* (1933). [N.T.]

Esse fenômeno de ter uma memória da raça, de ter um conhecimento acumulado que pode ser passado de uma geração a outra, era novo no mundo. Mas nele havia uma doença. Era possível passar ideias erradas. Era possível passar ideias que não eram lucrativas para a raça. A raça tem ideias, mas elas não são necessariamente lucrativas.

Então chegou uma época em que as ideias, embora acumuladas bem devagar, eram todas acúmulos não só de coisas práticas e úteis, mas grandes acúmulos de todo tipo de preconceito e crenças estranhas e esquisitas.

Então se descobriu um modo de evitar a doença: duvidar que tudo o que vem do passado seja mesmo verdade e tentar descobrir *ab initio*, novamente por experiência, qual é a situação, em vez de confiar na experiência do passado sob a forma que é transmitida. E é isso que a ciência é: o resultado da descoberta de que vale a pena conferir de novo com novas experiências diretas, sem confiar necessariamente na experiência da raça vinda do passado. É assim que vejo. É minha melhor definição.

Gostaria de lembrar a todos vocês coisas que vocês sabem muito bem para lhes dar um pouco de entusiasmo. Na religião, as lições morais são ensinadas, mas não são ensinadas apenas uma vez; somos inspirados repetidamente, e acho que é necessário inspirar repetidamente e lembrar o valor da ciência a crianças, adultos e todo mundo, de várias maneiras, não só para que se tornem cidadãos melhores, mais capazes de controlar a natureza e coisa e tal. Há outras coisas.

Há o valor da visão de mundo criada pela ciência. Há a beleza e o maravilhamento do mundo, descobertos pelo resultado dessas novas experiências. Ou seja, as maravilhas do conteúdo que acabei de lembrar a vocês; que as coisas se movem porque o sol está brilhando, que é uma ideia profunda, muito estranha e maravilhosa. (Mesmo assim, nem tudo se move porque o sol está brilhando. A Terra gira de forma independente do brilho do sol, e as reações nucleares produziram recentemente energia na Terra, uma nova fonte. Provavelmente, os vulcões em geral são movidos por uma fonte diferente do sol que brilha.)

O mundo parece tão diferente depois de aprender ciência! Por exemplo, primariamente, as árvores são feitas de ar. Quando queimadas, elas voltam ao ar, e nas chamas se libera o calor chamejante do sol que foi ligado ao ar para convertê-lo em árvores, e nas cinzas está o pequeno resto da parte que não veio do ar, que veio da terra firme.

Essas são coisas belas, e o conteúdo da ciência está maravilhosamente cheio delas. Elas são muito inspiradoras e podem ser usadas para inspirar os outros.

Outra qualidade da ciência é que ela ensina o valor do pensamento racional, assim como a importância da liberdade de pensamento; os resultados positivos vêm da dúvida de que todas as lições sejam verdadeiras. Aqui é preciso distinguir, principalmente no ensino, a ciência das formas ou procedimentos às vezes usados no desenvolvimento da ciência. É fácil dizer: "Escrevemos, experimentamos e observamos, e fazemos isso ou aquilo." É possível copiar essa forma com exatidão. Mas as grandes religiões se dissipam quando seguem a forma sem recordar o conteúdo direto do ensinamento dos grandes líderes. Do mesmo modo, é possível seguir a forma e chamá-la de ciência, mas é pseudociência. Dessa maneira, todos sofremos do tipo de tirania que temos hoje em muitas instituições que caíram sob a influência de assessores pseudocientíficos.

Temos muitos estudos sobre ensino, por exemplo, nos quais as pessoas fazem observações, listas e estatísticas, mas nem por isso se tornam ciência estabelecida, conhecimento estabelecido. São meramente uma forma imitativa de ciência – como os habitantes dos Mares do Sul que fazem campos de pouso e torres de rádio de madeira esperando que chegue um grande aeroplano. Eles chegam até a construir aviões de madeira, com o mesmo formato que veem nos campos de pouso estrangeiros em volta, mas, estranhamente, eles não voam. O resultado dessa imitação pseudocientífica é produzir especialistas, o que muitos de vocês são – especialistas. Vocês, professores que realmente ensinam crianças na base da pilha, talvez vocês consigam duvidar dos especialistas de vez em quando. Aprendam com a ciência que vocês *têm* de duvidar dos especialistas. Na verdade, também posso definir ciência de outra maneira: ciência é a crença na ignorância dos especialistas.

Quem diz que a ciência ensina isso e aquilo, usa a palavra incorretamente. A ciência não ensina; a experiência ensina. Se disserem que a ciência mostrou isso e aquilo, pergunte: "Como a ciência mostrou? Como o cientista descobriu? Como, o quê, onde?" Não foi a ciência que mostrou, foi essa experiência, esse efeito que mostrou. E vocês têm tanto direito quanto qualquer um, ao ouvir falar das experiências (mas temos de dar ouvidos a *todos* os indícios), de avaliar se foi obtida uma conclusão reutilizável.

Num campo que é tão complicado que a verdadeira ciência ainda não conseguiu chegar a lugar nenhum, temos de confiar num tipo de sabedoria à moda antiga, um tipo de objetividade definida. Estou tentando inspirar o professor da base a ter alguma esperança e autoconfiança no bom senso e na inteligência natural. Os especialistas que conduzem vocês podem estar errados.

Provavelmente arruinei o sistema, e os estudantes que vão para o CalTech não prestarão mais. Acho que vivemos numa época não científica em que quase toda a turbulência dos meios de comunicação, as palavras da televisão, os livros e tal não são científicos. Isso não significa que sejam ruins, mas não são científicos. Em consequência, há uma quantidade considerável de tirania intelectual em nome da ciência.

Finalmente, o homem não pode viver além do túmulo. Cada geração que descobre alguma coisa por experiência tem de passá-la adiante, mas tem de passá-la adiante com um equilíbrio delicado de respeito e desrespeito, de modo que a raça (agora que tem consciência da doença a que está sujeita) não imponha seus erros com demasiada rigidez aos jovens, mas transmita a sabedoria acumulada mais a sabedoria de que talvez ela não seja sabedoria.

É necessário ensinar tanto a aceitar quanto a rejeitar o passado, com um tipo de equilíbrio que exige considerável habilidade. A ciência, dentre todas as matérias, contém dentro de si a lição do perigo da crença na infalibilidade dos maiores professores da geração anterior.

Portanto, continuem. Obrigado.

9. O homem mais inteligente do mundo

Eis aqui a maravilhosa entrevista de 1979 que Feynman concedeu à revista Omni. *Aqui Feynman fala do que mais sabe e mais ama, a Física, e do que menos ama, a Filosofia. ("Os filósofos deveriam aprender a rir de si mesmos.") Aqui, Feynman discute o trabalho que lhe valeu o Prêmio Nobel, a eletrodinâmica quântica (EDQ); depois, ele fala de cosmologia, quarks e daqueles infinitos incômodos que engripam tantas equações.*

"Acho que a teoria é simplesmente um modo de varrer as dificuldades para debaixo do tapete", disse Richard Feynman. "É claro que não tenho certeza disso." Soa como o tipo de crítica ritualmente amenizada que vem do público depois que um artigo controvertido é apresentado numa conferência científica. Mas Feynman estava no pódio, fazendo o discurso de ganhador do Prêmio Nobel. A teoria que questionava, a eletrodinâmica quântica, fora chamada recentemente de "a mais precisa já imaginada"; suas previsões costumam ser verificadas com uma margem de erro de um para um milhão. Quando Feynman, Julian Schwinger e Sin-Itiro Tomonaga a desenvolveram na década de 1940, de forma independente uns dos outros, os colegas a saudaram como "a grande faxina": a solução de problemas antigos e uma fusão rigorosa das duas grandes ideias do século na Física, a relatividade e a mecânica quântica.

Feynman combinou o brilho teórico ao ceticismo irreverente durante toda a sua carreira. Em 1942, depois de obter o doutorado em Princeton com John Wheeler, foi chamado para o Projeto Manhattan. Em Los Alamos, era o geninho de 25 anos que não se assombrava com os titãs da Física que o cercavam (Niels Bohr, Enrico Fermi, Hans Bethe) nem com a urgência secretíssima do projeto. O pessoal da segurança se assustou com sua facilidade de abrir cofres – às vezes escutando os movimentos minúsculos do mecanismo da tranca, às vezes adivinhando qual constante da Física o usuário do cofre escolhera como combinação. (Desde então, Feynman não mudou; muitos alunos seus no CalTech aprenderam a arrombar cofres junto com a Física.)

Depois da guerra, Feynman trabalhou na Cornell University. Lá, como conta nesta entrevista, Bethe foi o catalisador de suas ideias para resolver "o problema dos infinitos". O nível exato de energia dos elétrons dos átomos de hidrogênio e as forças entre os elétrons (que se moviam tão depressa que as mudanças relativísticas tinham de ser levadas em conta) já foram tema de três décadas de trabalho pioneiro. A teoria afirmava que cada elétron era cercado por "partículas virtuais" transitórias, com massa-energia extraída do vácuo; essas partículas, por sua vez, extraíam outras – e o resultado era uma cascata matemática que previa uma carga infinita para cada elétron. Em 1943, Tomonaga sugeriu uma forma de contornar o problema, e suas ideias se tornaram conhecidas enquanto Feynman, em Cornell, e Schwinger, em Harvard, davam o mesmo passo importantíssimo. Os três dividiram o Prêmio Nobel de Física de 1965. Nisso, as ferramentas matemáticas de Feynman ou "integrais de Feynman" e os diagramas que ele inventou para acompanhar as interações entre partículas já faziam parte do equipamento de todos os físicos teóricos. O matemático Stanislaw Ulam, outro veterano de Los Alamos, cita os diagramas de Feynman como "uma notação capaz de empurrar os pensamentos em direções que podem se mostrar úteis ou mesmo novas e decisivas". A ideia de partículas que voltam no tempo, por exemplo, é uma consequência natural dessa notação.

Em 1950, Feynman foi para o CalTech, em Pasadena. Seu sotaque de novaiorquino transplantado ainda é inconfundível, mas o sul da Califórnia parece um habitat adequado para ele: entre as "histórias de Feynman" contadas pelo colega, seu carinho por Las Vegas e pela vida noturna em geral se destacam. "Minha mulher não conseguiu acreditar que eu realmente aceitara o convite de falar onde eu teria de usar smoking", diz ele. "Mudei de ideia algumas vezes." No prefácio de *Lições de Física de Feynman*, muito usado como texto didático desde que suas aulas foram reunidas e publicadas em 1963, ele aparece com um sorriso maníaco, tocando uma conga. (Dizem que, nos bongôs, ele consegue tocar dez batidas com uma das mãos e onze com a outra; experimente e talvez conclua que a eletrodinâmica quântica é mais fácil.)

Entre as realizações de Feynman está sua contribuição para o entendimento das mudanças de fase do hélio super-resfriado e seu trabalho com Murray Gell-Mann[1], colega no CalTech, sobre a teoria do decaimento beta dos núcleos atômicos. Os dois temas ainda estão longe da solução final, como ele ressalta; na verdade, ele não hesita em chamar a própria eletrodinâmica quântica de "trapaça" que deixa sem resposta importantes questões lógicas. Que tipo de

---

1 Murray Gell-Mann (1929-) Ganhador do Prêmio Nobel de Física de 1969 pelas contribuições e descobertas relativas à classificação de partículas elementares e sua interação. Em 1964, Gell-Mann e G. Zweig apresentaram o conceito de quark.

homem consegue fazer um trabalho desse calibre enquanto abriga as dúvidas mais penetrantes? Leia e descubra.

Omni: Para quem vê de fora a física de alta energia, sua meta parece ser encontrar os últimos constituintes da matéria. É uma busca que podemos ver desde o átomo dos gregos, a partícula "indivisível". Mas, com os grandes aceleradores, obtemos fragmentos que têm mais massa do que as partículas iniciais, e talvez quarks que nunca possam ser separados. O que isso faz com a busca?

Feynman: Acho que essa busca nunca existiu. Os físicos tentam descobrir *como a natureza se comporta*; eles podem falar descuidadamente sobre alguma "última partícula" porque é assim que a natureza parece num dado momento, mas... Imagine que estejam explorando um novo continente, OK? Eles veem água correndo pelo chão, já viram isso e chamam de "rios". Então eles dizem que estão explorando para encontrar a nascente; eles sobem o rio e, sem dúvida, lá está ela; tudo está indo muito bem. Mas aí, quando sobem o suficiente, eles descobrem que o sistema todo é diferente. Há um lago enorme, ou fontes, ou os rios correm em círculo. Talvez você diga: "A-há! Erraram!", mas de jeito nenhum! A *verdadeira* razão para fazerem aquilo era explorar a terra. Se por acaso não eram nascentes, talvez eles ficassem meio sem graça pelo descuido ao se explicar, mas nada além disso. Enquanto parecer que o jeito como as coisas são construídas é com rodinhas dentro de rodinhas, então estaremos olhando a roda mais de dentro; mas pode não ser assim, e nesse caso estaremos olhando seja lá o que for que a gente descobriu!

Omni: Mas sem dúvida o senhor deve ter algum palpite do que encontrará; tem de haver morros e vales e coisas assim...?

Feynman: É, mas e se, quando você chegar lá, só houver nuvens? Podemos esperar certas coisas, podemos elaborar teoremas sobre a topologia das bacias hidrográficas, mas e se encontrarmos um tipo de neblina, talvez, com as coisas coagulando dentro dela, sem nenhum modo de distinguir terra e ar? A ideia toda com que começamos some! Esse é o tipo de coisa empolgante que acontece de vez em quando. É presunçoso quem diz: "Vamos encontrar a última partícula, ou as leis do campo unificado", ou "*a*" qualquer coisa. Se for surpreendente, o cientista fica ainda mais feliz. Vocês acham que ele vai dizer: "Ah, não é como eu esperava, não há última partícula, não quero mais explorar"? Não, ele vai dizer: "Então que diabo é *isso*?"

Omni: Você gostaria de ver isso acontecer?

Feynman: Preferir não faz a mínima diferença: eu consigo o que consigo. Também não se pode dizer que *sempre* vai ser surpreendente; alguns anos atrás, eu era muito cético com as teorias de gauge[2], em parte porque esperava que a interação nuclear forte fosse mais distinta da eletrodinâmica do que parece agora. Eu esperava neblina, e agora, no fim das contas, parecem morros e vales mesmo.

Omni: As teorias físicas vão continuar ficando mais abstratas e matemáticas? Poderia existir hoje um teórico como Faraday, no início do século XIX, sem sofisticação matemática mas com uma intuição fortíssima para a física?

Feynman: Eu diria que a probabilidade é pequena. De um lado, a matemática é necessária simplesmente para entender o que já foi feito. Além disso, o comportamento dos sistemas subnucleares é tão estranho, quando comparado àqueles que o cérebro desenvolveu para lidar com eles, que a análise *tem* de ser muito abstrata. Para entender o gelo, é preciso entender coisas que, em si, são muito diferentes do gelo. Os modelos de Faraday eram mecânicos, com

2 Teorias da física das partículas que descrevem as várias interações entre partículas subatômicas.

molas, fios e faixas tensionadas no espaço, e suas imagens eram da geometria básica. Acho que já entendemos todo o possível com esse ponto de vista; o que descobrimos neste século é tão diferente, tão obscuro que novos progressos exigirão muita matemática.

Omni: Isso limita o número de pessoas capazes de contribuir ou mesmo entender o que tem sido feito?

Feynman: Ou então alguém desenvolverá um jeito de pensar nos problemas para que possamos entendê-los com mais facilidade. Talvez só comecem a ensinar cada vez mais cedo. Sabe, não é verdade que a chamada matemática "abstrusa" seja tão difícil. Pegue uma coisa como programação de computadores e a lógica meticulosa necessária – o tipo de pensamento que mamãe e papai disseram que era só para professores. Pois bem, hoje ela faz parte de muitas atividades diárias, é um jeito de ganhar a vida; os filhos se interessaram, pegaram um computador e estão fazendo as coisas mais malucas e maravilhosas!

Omni: ...com anúncios de escolas de programação em todas as caixas de fósforo!

Feynman: Pois é. Não acredito na ideia de que haja algumas pessoas peculiares capazes de entender matemática e que o resto do mundo seja normal. A matemática é uma descoberta humana, e não é tão complicada que os seres humanos não consigam entender. Tive um livro de cálculo que dizia: "O que um tolo consegue fazer, outro também consegue". O que conseguimos descobrir sobre a natureza pode parecer abstrato e ameaçador a quem não estudou, mas foram tolos que o fizeram, e na geração seguinte todos os tolos entenderão.

Há uma tendência de pompa em tudo isso, para que tudo pareça profundo. Meu filho está fazendo um curso de Filosofia e, ontem à noite, estávamos olhando algo de Spinoza – e havia o raciocínio mais infantil! Havia todos aqueles Atributos e Substâncias, toda essa discussão sem sentido, e começamos a rir. Agora, como pudemos fazer isso? Ali está o grande filósofo holandês, e nós rindo dele. É porque não há desculpa! Naquele mesmo período havia Newton, havia Harvey estudando a circulação do sangue, havia gente com métodos de análise que permitiam progressos! Podemos pegar cada uma das proposições de Spinoza, pegar a proposição contrária e olhar o mundo – e não dá para dizer qual delas está certa. É claro que as pessoas se assombraram porque ele teve coragem de abordar essas grandes questões, mas não adianta nada ter coragem se você não chega a lugar nenhum com a questão.

Omni: Em suas aulas publicadas, os comentários do filósofo sobre a ciência provocam alguns solavancos...

Feynman: Não é a Filosofia que me pega, é a pompa. Se eles *rissem* de si mesmos... Se eles dissessem: "Acho que é assim, mas Leipzig achou que era assado, e também foi uma boa tentativa." Se explicassem que é seu melhor palpite... Mas pouquíssimos deles fazem isso; ao contrário, eles aproveitam a possibilidade de que talvez não haja nenhuma partícula fundamental e dizem que a gente deveria parar de trabalhar e ponderar com grande profundidade. "Você não pensou com profundidade suficiente, deixe-me primeiro definir a palavra para você." Pois bem, vou investigar *sem* definir!

Omni: Como sabe qual problema tem o tamanho certo para ser atacado?

Feynman: Quando eu estava no curso secundário, tive a ideia de que seria possível pegar a importância do problema e multiplicar pela probabilidade de resolver. Você sabe como é um garoto com mente técnica: ele gosta da ideia de otimizar tudo... Seja como for, quando consegue a combinação certa desses fatores, a gente não passa a vida sem chegar a lugar nenhum com um problema profundo nem resolvendo montes de problemas pequenos que outros fariam igualmente bem.

Omni: Vejamos o problema que lhe deu o Prêmio Nobel e a Schwinger e Tomonaga. Três abordagens diferentes. Aquele problema estava especialmente maduro para a solução?

Feynman: Bom, a eletrodinâmica quântica foi inventada no final da década de 1920 por Dirac e outros, logo depois da própria mecânica quântica. Basicamente estava certa, mas na hora de calcular as respostas a gente topava com equações complicadas que eram dificílimas de resolver. Dava para conseguir uma boa aproximação de primeira ordem, mas quando se tentava refinar com correções, começavam a brotar quantidades infinitas. Durante vinte anos todo mundo sabia disso; estava no final de todos os livros sobre teoria quântica.

Então obtivemos o resultado das experiências de Lamb[3] e Retherford[4] sobre as mudanças de energia do elétron do átomo de hidrogênio. Até então, a previsão grosseira fora bastante boa, mas agora a gente tinha um número muito preciso: 1.060 megaciclos ou coisa assim. E todo mundo disse: caramba, esse problema tem de ser resolvido... eles sabiam que a teoria tinha problemas, mas agora havia um número muito preciso.

Então Hans Bethe pegou esse número e fez algumas estimativas de como evitar os infinitos subtraindo este efeito daquele efeito, de modo que as quantidades que tenderiam ao infinito fossem interrompidas, e provavelmente seriam interrompidas

---

3 Willis Lamb (1913-2008), ganhador do Prêmio Nobel de Física de 1955 pelas descobertas relativas à estrutura fina do espectro do hidrogênio.

4 Robert C. Retherford (1912-1981), físico americano cujos experimentos de 1947 com Willis Lamb demonstraram a separação de energia no hidrogênio (o desvio de Lamb) e contribuíram para o desenvolvimento da eletrodinâmica quântica.

nessa ordem de magnitude, e ele encontrou algo por volta de mil megaciclos. Lembro que ele convidou um monte de gente para uma festa em sua casa em Cornell, mas foi chamado para uma assessoria. Ele ligou durante a festa e me disse que imaginara isso no trem. Quando voltou, ele deu uma aula sobre isso e mostrou que esse procedimento de corte evitava os infinitos, mas ainda era muito arbitrário e confuso. Ele disse que seria bom se alguém conseguisse mostrar como limpar aquilo. Fui até ele depois e disse: "Ah, é fácil, eu consigo". Veja bem, comecei a ter ideias sobre isso quando estava no quarto ano do MIT. Cheguei até a imaginar uma resposta na época... errada, é claro. Sabe, foi aí que Schwinger, Tomonaga e eu entramos, com o desenvolvimento de um modo de transformar esse tipo de procedimento em análise sólida; tecnicamente, manter a invariância relativista o tempo todo. Tomonaga já sugerira como poderia ser feito, e ao mesmo tempo Schwinger desenvolvia o jeito dele.

Então levei a Bethe meu jeito de fazer. O engraçado foi que eu não sabia como resolver os problemas práticos mais simples na área – eu deveria ter aprendido muito antes, mas ficara ocupado brincando com minha teoria – e não sabia como descobrir se minhas ideias davam certo. Fizemos juntos no quadro-negro, e estava errado. Pior ainda do que antes. Fui para casa, pensei, pensei e decidi que eu tinha de aprender a resolver exemplos. Fiz isso; voltei a Bethe, experimentamos e deu certo! Nunca conseguimos descobrir o que dera errado da primeira vez; algum erro bobo.

Omni: Quanto isso o atrasou?

Feynman: Não muito; um mês, talvez. E foi bom, porque revisei o que fiz e me convenci de que tinha de dar certo, e que aqueles diagramas que inventei para manter as coisas arrumadas eram mesmo bons.

Omni: O senhor percebeu naquela época que seriam chamados de "diagramas de Feynman" e iriam parar nos livros?

Feynman: Não, não... Mas me lembro de um momento. Eu estava de pijama, trabalhando no chão, com papel pra todo lado, esses diagramas engraçados de bolhas com linhas espetadas. Disse com meus botões: não seria engraçado se esses diagramas fossem mesmo úteis e os outros começassem a usá-los e a *Physical Review* tivesse de imprimir esses desenhos bobos? É claro que eu não podia prever... pra começar, eu não tinha ideia de quantas imagens dessas haveria na *Physical Review*, e, em segundo lugar, nunca me ocorreu que, com todo mundo usando, eles não pareceriam mais engraçados...

[Nesse momento, a entrevista passou para a sala do professor Feynman, onde o gravador se recusou a funcionar. O cabo, o botão de ligar, o botão de gravar, estava tudo certo; então Feynman sugeriu tirar a fita cassete e colocá-la de novo.]

Feynman: Pronto. Viu, só é preciso saber do mundo. Os físicos sabem do mundo.

Omni: Desmonta e monta de novo?

Feynman: Pois é. Sempre há uma poeirinha, um infinito, alguma coisa.

Omni: Vamos seguir nessa linha. Em suas aulas, o senhor diz que nossas teorias físicas são boas para unir várias classes de fenômenos, e então surgem raios X ou mésons ou coisa parecida; "há sempre um monte de fios pendurados em todas as direções". Quais são as pontas soltas que o senhor vê na Física de hoje?

Feynman: Bom, há a massa das partículas. As teorias de gauge apresentam lindos padrões para as interações, mas não para a massa, e precisamos entender esse conjunto irregular de números. Na interação nuclear forte, temos a teoria dos quarks e glúons coloridos[5], muito precisa e completa, mas com pouquíssimas previsões reais. Tecnicamente, é dificílimo obter um teste exato da teoria, e isso é um desafio. Sinto com paixão que há uma ponta solta; embora não haja indícios conflitantes com a teoria, não é provável avançar muito antes de verificar previsões concretas com números concretos.

Omni: E a cosmologia? A sugestão de Dirac de que as constantes fundamentais mudam com o tempo ou a ideia de que a lei física era diferente no instante do Big Bang?

Feynman: Isso abriria um monte de questões. Até agora, a Física tentou encontrar leis e constantes sem perguntar de onde vieram, mas podemos estar nos aproximando do ponto em que seremos forçados a levar em conta a história.

Omni: O senhor tem algum palpite a respeito?

Feynman: Não.

Omni: Nenhum mesmo? Nenhuma inclinação para um lado ou outro?

Feynman: Não mesmo. É assim que sou com quase tudo. Antes, você não me perguntou se eu achava que havia uma partícula fundamental ou se é tudo neblina; eu teria lhe dito que não faço a mínima ideia. Agora, para trabalhar com afinco em alguma coisa, é preciso acreditar que a resposta está *lá*, para que você cave bastante lá, certo? Então, temporariamente, a gente se predispõe ou se preconceitua; mas o tempo todo, no fundo da mente, a gente está rindo. Esqueça o que ouviu falar sobre ciência sem preconceitos. Aqui, numa entrevista, falando sobre o Big Bang, não tenho preconceitos; mas quando estou trabalhando, tenho vários.

---

5 Na verdade, "cor" é o nome que os físicos dão a uma determinada propriedade dos quarks e glúons, não porque tenham realmente cor, mas por falta de nome melhor para uma nova propriedade das partículas elementares.

Omni: Preconceitos a favor... de quê? Simetria, simplicidade...?

Feynman: A favor de meu estado de espírito no dia. Num dia estarei convencido de que há um certo tipo de simetria em que todo mundo acredita, no dia seguinte tentarei imaginar as consequências caso não haja e todo mundo seja maluco, menos eu. Mas o mais incomum nos bons cientistas é que, enquanto estão fazendo seja lá o que estejam fazendo, eles não têm tanta certeza de si quanto os outros costumam ter. Conseguem conviver com a dúvida constante, pensar "talvez seja assim" e agir de acordo, sabendo o tempo todo que é só "talvez". Muita gente acha isso difícil; acham que significa distanciamento ou frieza. Não é frieza! É um entendimento muito mais profundo e caloroso, e significa que a gente pode estar cavando num lugar enquanto está temporariamente convencido de que encontrará a resposta, e aí alguém aparece e diz: "Já viu o que estão inventando por lá?", e a gente levanta, olha e diz: "*Nossa! Estou no lugar errado!*" Acontece o tempo todo.

Omni: Há outra coisa que parece acontecer muito na Física moderna: a descoberta de aplicações para tipos de matemática que antes eram "puras", como a álgebra matricial ou a teoria dos grupos. Os físicos são mais receptivos agora do que antigamente? O tempo de espera é menor?

Feynman: Nunca houve nenhum tempo de espera. Veja os quatérnios de Hamilton[6]: os físicos jogaram fora a maior parte desse sistema matemático poderosíssimo e ficaram apenas com a parte – a parte matematicamente quase trivial – que se tornou a análise vetorial. Mas quando todo o poder dos quatérnios *foi* necessário para a mecânica quântica, Pauli[7] reinventou o sistema na hora sob

6 Sir William Rowan Hamilton (1805-1865), matemático irlandês que inventou os quatérnios, um construto alternativo à análise de vetores e tensores.

7 Wolfgang Pauli (1900-1958), ganhador do Prêmio Nobel de Física de 1945 pela descoberta do princípio da exclusão.

nova forma. Agora, podemos olhar para trás e dizer que as matrizes e os operadores de *spin* de Pauli não passavam de quatérnios de Hamilton... mas mesmo que os físicos tivessem guardado o sistema na cabeça durante noventa anos, não faria mais do que uma diferença de semanas.

Digamos que a gente pegue uma doença, granulomatose de Werner ou qualquer outra, e consulte um livro de referência médica. A gente pode descobrir que sabe mais sobre isso que o médico, embora ele tenha passado todo aquele tempo na faculdade de Medicina... entende? É muito mais fácil aprender um tópico restrito e especial do que um campo inteiro. Os matemáticos exploram em todas as direções, e é mais rápido para o físico alcançar o que precisa do que tentar se manter atualizado com tudo que, concebivelmente, possa ser útil. O problema que eu estava mencionando antes, a dificuldade com as equações da teoria dos quarks, é o problema do físico, e vamos resolvê-lo, e talvez na hora de resolver estejamos fazendo matemática. É um fato maravilhoso, e que não entendo, que os matemáticos tenham investigado grupos e coisa e tal antes que eles aparecessem na Física; mas em relação à velocidade do progresso da Física, acho que isso não tem tanta importância assim.

Omni: Mais uma questão de suas aulas: o senhor diz que "a próxima grande era de despertar do intelecto humano pode produzir um método de entender o conteúdo *qualitativo* das equações". O que isso quer dizer?

Feynman: Nesse trecho, eu falava da equação de Schrödinger[8]. Ora, dá para ir dessa equação a átomos que se ligam em moléculas, valências químicas... mas quando a gente olha a equação, não

---

8 Erwin Schrödinger (1887-1961), ganhador, com Paul Adrien Maurice Dirac, do Prêmio Nobel de Física de 1933 pela descoberta de novas formas produtivas da teoria atômica.

vemos nada da riqueza de fenômenos que os químicos conhecem; nem a ideia de que os quarks estão permanentemente ligados, e não se consegue um quark livre; talvez se consiga ou não, mas a questão é que, quando a gente olha as equações que supostamente descrevem o comportamento do quark, não dá para ver por que seria assim. Olhe as equações das forças atômicas e moleculares da água e não dá para ver como a água se comporta; não se vê a turbulência.

Omni: Isso deixa todo mundo com questões sobre turbulência – meteorologistas, oceanógrafos, geólogos, projetistas de aviões – meio que no mato sem cachorro, não é?

Feynman: É claro. E pode ser que um desses mateiros sem cachorro fique tão frustrado que descubra algo, e nesse ponto ele estará fazendo Física. Com a turbulência, não é apenas o caso de que a teoria física só seja capaz de lidar com casos simples; não conseguimos lidar com *nenhum*. Não temos nenhuma boa teoria fundamental.

Omni: Talvez seja o modo como os livros didáticos são escritos, mas fora da ciência pouca gente parece saber como os problemas físicos reais e complicados saem do controle rapidamente, no que diz respeito à teoria.

Feynman: Isso é uma péssima educação. A lição que a gente aprende conforme envelhece na Física é a de que o que podemos fazer é uma fração pequeníssima do que existe. Nossas teorias são realmente muito limitadas.

Omni: Os físicos variam muito na capacidade de ver as consequências qualitativas de uma equação?

Feynman: Ah, sim, mas ninguém é muito bom nisso. Dirac disse que *entender* um problema da física significa ser capaz de ver a resposta sem resolver equações. Talvez ele tenha exagerado;

talvez resolver equações seja a experiência necessária para obter o entendimento; mas até entender a gente fica apenas resolvendo equações.

Omni: Como professor, o que o senhor pode fazer para estimular essa capacidade?

Feynman: Não sei. Não tenho como avaliar em que grau consigo transmitir as coisas a meus alunos.

Omni: Será que algum dia um historiador da ciência acompanhará a carreira de seus alunos como outros fizeram com os alunos de Retherford, Niels Bohr e Fermi?

Feynman: Duvido. Eu me desaponto com meus alunos o tempo todo. Não sou um professor que sabe o que faz.

Omni: Mas o senhor consegue acompanhar influências no outro sentido, digamos, a influência sobre o senhor de Hans Bethe ou John Wheeler...?

Feynman: É claro. Mas não sei qual é o *meu* efeito. Talvez seja apenas meu caráter: não sei. Não sou psicólogo nem sociólogo, não sei entender as pessoas, eu, inclusive. Você pergunta: como esse sujeito consegue ensinar, como ele consegue se motivar se não sabe o que está fazendo? Na verdade, adoro ensinar. Gosto de pensar em novas maneiras de olhar as coisas enquanto explico, para que fiquem mais claras. Mas talvez eu não esteja conseguindo. Provavelmente o que faço é me divertir.

Aprendi a viver sem saber. Não preciso ter certeza de que tenho sucesso e, como disse antes sobre a ciência, acho que minha vida é mais completa porque percebo que não sei o que estou fazendo. Fico contentíssimo com a amplidão do mundo!

Omni: Quando voltamos à sua sala, o senhor parou para discutir uma aula sobre visão colorida que o senhor vai dar. Isso fica bem longe da física fundamental, não fica? Um fisiologista não diria que o senhor está "invadindo"?

Feynman: Fisiologia? Tem de ser fisiologia? Olhe, me dê um pouco de tempo e darei uma aula sobre qualquer coisa de fisiologia. Ficarei felicíssimo de estudar e descobrir tudo a respeito, porque posso lhe *garantir* que será muito interessante. Não sei nada, mas sei que *tudo é interessante* quando a gente mergulha com profundidade suficiente.

Meu filho é assim também, embora ele tenha interesses muito mais amplos do que eu na idade dele. Ele se interessa por mágica, programação de computadores, história antiga da Igreja, topologia... ah, ele vai se divertir demais, há tantas coisas interessantes! Gostamos de nos sentar e conversar sobre como as coisas poderiam ser diferentes do que esperávamos; vejamos os módulos de pouso Viking em Marte, por exemplo, estávamos tentando pensar de quantas maneiras poderia haver vida que eles *não conseguiriam* encontrar com aquele equipamento. É, ele é bem parecido comigo, então eu passei essa ideia de que tudo é interessante pelo menos a mais uma pessoa.

É claro que não sei se isso é bom ou não... Está vendo?

10. *Cargo cult science*: alguns comentários sobre ciência, pseudociência e como aprender a não enganar a si mesmo

Discurso na formatura da turma de 1974 do CalTech

Pergunta: *O que curandeiros, percepção extrassensorial, ilhéus dos Mares do Sul, chifres de rinoceronte e óleo de cozinha têm a ver com uma formatura?* Resposta: *Todos são exemplos que o engenhoso Feynman usa para convencer os formandos de que, na ciência, a honestidade é mais compensadora do que todos os louvores e sucessos temporários do mundo. Nesse discurso diante da classe de 1974 do CalTech, Feynman dá uma aula de integridade científica frente à pressão dos pares e às irritadas agências de financiamento.*

Na Idade Média, havia todo tipo de ideia maluca, como a de que um pedaço de chifre de rinoceronte aumentaria a potência. (Outra ideia maluca da Idade Média são esses chapéus que usamos hoje – que no meu caso fica frouxo demais.) Então descobriram um método de separar as ideias, que era experimentar uma delas para ver se funcionava e, se não funcionasse, eliminá-la. É claro que esse método se organizou como ciência. E se desenvolveu muito bem, de modo que hoje estamos na era científica. Na verdade, é uma era tão científica que temos dificuldade de entender como é que *existiram* curandeiros, se nada – ou quase nada – do que propunham realmente funcionava.

Mas até hoje encontro muita gente que, mais cedo ou mais tarde, puxa conversa comigo sobre OVNIs, astrologia, alguma forma de misticismo, expansão da consciência, novos tipos de consciência, percepção extrassensorial e coisas assim. E concluí que este *não é* um mundo científico.

A maioria acredita em tantas coisas maravilhosas que decidi investigar por quê. E o que já chamaram de "minha curiosidade pela investigação" me deixou em dificuldades, porque encontrei tanto lixo que não conseguiria comentar nesta palestra. Estou estupefato. Primeiro, comecei a investigar várias ideias de misticismo e experiências místicas. Entrei em tanques de isolamento (são escuros e silenciosos, e a gente flutua em sais de Epsom) e tive muitas horas de alucinação, portanto sei um pouco sobre isso. Depois fui a Esalen, que é uma incubadora desse tipo de pensamento (é um lugar maravilhoso; vocês deveriam visitar). Aí fiquei estupefato. Não tinha percebido *quanta* coisa havia.

Por exemplo, eu estava num banho quente e na banheira há outro sujeito e uma moça. Ele diz à moça: "Estou aprendendo massagem, e queria saber se posso treinar com você." Ela diz que sim, sobe numa mesa e ele começa pelo pé dela, trabalhando no dedão e puxando-o. Então ele se vira para quem parece ser sua instrutora e diz: "Estou sentindo um amassadinho. Será a pituitária?" E ela responde: "Não, não é essa a sensação." E eu digo: "Você está a quilômetros da pituitária, rapaz." E ambos me olham – estraguei meu disfarce, entendem? – e ela disse: "Isso é reflexologia." Então fechei os olhos e fingi meditar.

Esse é apenas um exemplo do tipo de coisa que me deixa estupefato. Também examinei a percepção extrassensorial e os fenômenos psíquicos, e a última moda de Uri Geller, um homem que, dizem, consegue dobrar chaves esfregando-as com o dedo. Então fui a seu quarto de hotel, depois de convidado, para ver uma demonstração de leitura de mentes e dobradura de chaves. Ele não conseguiu fazer nenhuma leitura bem-sucedida; acho que ninguém consegue ler minha mente. E meu garoto segurou uma chave e Geller a esfregou, e nada aconteceu. Então ele nos disse que funciona melhor debaixo d'água, e vocês podem imaginar todos nós em pé no banheiro com a torneira aberta e a chave embaixo, e ele esfregando a chave com o dedo. Nada aconteceu. E não pude investigar esse fenômeno.

Mas aí comecei a pensar: no que mais acreditamos? (E então pensei nos curandeiros, e como seria fácil verificá-los observando que nada realmente funcionava.) E encontrei coisas em que ainda *mais* gente acredita: por exemplo, que temos algum conhecimento de como educar. Há grandes escolas de métodos de leitura e de matemática e assim por diante, mas quando a gente observa dá para perceber que as notas de leitura só fazem cair, ou sobem pouquíssimo, apesar do fato de usarmos continuamente essas mesmas pessoas para melhorar os métodos. *Eis aí* um remédio de curandeiro que não funciona. É preciso examinar; como eles sabem que seu método funcionaria? Outro exemplo é como tratar criminosos. Obviamente não fizemos nenhum progresso – muita teoria, mas nenhum progresso – na redução da quantidade de crimes com o método que usamos para tratar criminosos.

Mas dizem que essas coisas são científicas. Nós as estudamos. E acho que pessoas comuns, com ideias do senso comum, ficam intimidadas com essa pseudociência. A professora que tem uma ideia boa de como ensinar seus alunos a ler é forçada, pelo sistema escolar, a fazer de outro jeito – ou é até enganada pelo sistema escolar e passa a pensar que seu método não é necessariamente bom. Ou a mãe de meninos malcomportados, depois de castigá-los de um jeito ou de outro, se sente culpada pelo resto da vida porque não fez "o certo", de acordo com os especialistas.

Então devemos mesmo examinar as teorias que não funcionam e a ciência que não é ciência.

Tentei encontrar um princípio para descobrir mais coisas desse tipo e inventei o seguinte sistema: toda vez que, conversando numa festa, a gente não fique sem graça se a anfitriã aparecer e disser: "Por que vocês estão falando de trabalho, rapazes?" nem se a sua mulher aparecer e disser: "Por que você está paquerando de novo?", é possível ter certeza de estar falando de uma coisa sobre a qual ninguém sabe nada.

Com esse método, descobri mais alguns tópicos que tinha esquecido, entre eles a eficácia de várias formas de psicoterapia. Então comecei a investigar na biblioteca e coisa e tal, e tenho tanto a dizer que não dá para dizer tudo. Terei de me limitar apenas a algumas coisinhas. Vou me concentrar nas coisas em que mais gente acredita. Talvez eu faça uma série de palestras no ano que vem sobre todos esses assuntos. Vai levar muito tempo.

Acho que os estudos educacionais e psicológicos que mencionei são exemplos do que eu chamaria de *cargo cult science*[1]. Nos Mares do Sul, há um povo que tem o "culto ao avião de carga". Durante a guerra, eles viram aviões pousarem com montes de bons materiais, e querem que a mesma coisa aconteça agora. Então eles conseguiram construir coisas como pistas de pouso, fogueiras acesas nas laterais das pistas, uma cabana de madeira para um homem sentar com dois pedaços de madeira na cabeça, como fones, e pedaços de bambu apontados como antenas – é o controlador de voo – e esperam os aviões pousarem. Estão fazendo tudo certo. A forma é perfeita. Parece exatamente igual ao que havia antes. Mas

1 "Ciência do culto ao cargueiro", em tradução literal. [N.T.]

não dá certo. Nenhum avião pousa. E chamo essas coisas de *cargo cult science* porque seguem todos os preceitos e formas aparentes da investigação científica, mas lhes falta algo essencial, porque os aviões não pousam.

Agora, é claro que me convém dizer a vocês o que lhes falta. Mas seria igualmente difícil explicar aos ilhéus dos Mares do Sul como têm de arrumar as coisas para obter alguma riqueza em seu sistema. Não é algo simples como lhes dizer como melhorar o formato dos fones de ouvido. Mas noto que há *uma* característica que geralmente falta na *cargo cult science*. É a ideia que todos esperamos que vocês tenham aprendido ao estudar ciência na escola; nunca dizemos explicitamente o que *é*, só torcemos para vocês captarem com todos os exemplos de investigação científica. Portanto, é interessante revelar agora e falar explicitamente. É um tipo de integridade científica, um princípio de pensamento científico que corresponde a um tipo de honestidade total, um tipo de esforço a mais. Por exemplo, ao fazer um experimento, vocês deveriam relatar tudo o que, em sua opinião, poderia torná-lo inválido, não só o que acham que está certo: outras causas que, possivelmente, poderiam explicar o resultado e coisas que vocês pensaram e que eliminaram com outro experimento, e como funcionou, para se certificar de que outros possam dizer que foram eliminados.

Os detalhes que poderiam lançar dúvidas sobre sua interpretação têm de ser revelados, caso vocês os conheçam. É preciso se esforçar ao máximo, caso saibam de alguma coisa errada ou possivelmente errada, para explicá-la. Quem faz uma teoria, por exemplo, e a divulga ou publica, também tem de explicar todos os fatos que a contradizem, além daqueles que a confirmam. Também há um problema mais sutil. Depois de juntar um monte de ideias para formar uma teoria elaborada, é preciso se certificar, ao explicar em que ela se encaixa, que essas coisas em que ela se encaixa não são apenas as coisas que lhe deram a ideia da teoria, mas que a teoria acabada explica corretamente outra coisa, em acréscimo.

Em resumo, a ideia é tentar dar *todas* as informações para ajudar os outros a avaliarem o valor de sua contribuição; não só as informações que levam a avaliações numa ou noutra direção específica.

O modo mais fácil de explicar essa ideia é compará-la, por exemplo, com a publicidade. Ontem à noite ouvi que o óleo de cozinha Wesson não encharca a comida. Pois bem, é verdade. Não é desonesto; mas a coisa de que estou falando não é apenas uma questão de não ser desonesto, é uma questão de integridade científica, que está em outro nível. O fato que deveria ser acrescentado àquela afirmativa do anúncio é que *nenhum* óleo encharca a comida quando usado numa certa temperatura. Usado em outra temperatura, *todos* os óleos vão encharcar, inclusive o Wesson. Portanto, é a consequência do que foi transmitido e não o fato, que é verdadeiro, e é com essa diferença que temos de lidar.

Aprendemos, com a experiência, que a verdade se revelará. Outros experimentadores repetirão suas experiências e descobrirão se você estava certo ou errado. Os fenômenos da Natureza concordarão ou discordarão de sua teoria. E, embora possa ganhar alguma fama e empolgação temporárias, você não ganhará boa reputação como cientista se não tentou ser muito cuidadoso nesse tipo de trabalho. E é esse tipo de integridade, esse tipo de cuidado para não enganar a si mesmo, que falta, em grande medida, em boa parte da pesquisa da *cargo cult science.*

É claro que grande parte do problema é a dificuldade do tema e a pouca aplicabilidade do método científico a esse tema. Ainda assim, é preciso observar que esse não é o único problema. É o *porquê* de os aviões não pousarem – mas eles não pousam.

Com a experiência, aprendemos bastante a lidar com algumas maneiras de nos enganarmos. Um exemplo: Millikan mediu a carga de um elétron com um experimento com gotas de óleo que caíam e obteve uma resposta que hoje sabemos que não estava muito certa. É um pouquinho errada, porque ele tinha o valor incorreto da viscosidade do ar. É interessante examinar a história das medições da carga do elétron depois de Millikan. Se as pusermos num gráfico em função do tempo, veremos que uma é um pouco maior que a de Millikan, a seguinte é um pouco melhor que essa, a seguinte ainda um pouquinho maior até que, finalmente, eles se decidiram por um número ainda mais alto.

Por que eles não descobriram que o novo número era mais alto logo no começo? É uma coisa de que os cientistas se envergonham, essa história, porque fica visível que as coisas foram feitas assim: quando obtiveram um número muito mais alto que o de Millikan, acharam que devia estar errado, e procuraram uma razão para explicar por que havia algo errado. Quando obtiveram um número mais próximo do valor de Millikan, não examinaram tão bem. Eliminaram os números que ficavam longe demais, e fizeram outras coisas do tipo. Hoje em dia já aprendemos esses truques e não temos mais esse tipo de doença.

Mas sinto dizer que essa longa história de aprender a não nos enganarmos, de ter total integridade científica, não foi especificamente incluída em nenhum curso que eu conheça. Só torcemos para vocês captarem por osmose.

O primeiro princípio é não enganar a si mesmo – e somos as pessoas mais fáceis de enganar. Portanto, é preciso ter muito cuidado com isso. Quando não nos enganamos, é fácil não enganar outros cientistas. Depois disso, basta ser franco da maneira convencional.

Gostaria de acrescentar uma coisa que não é essencial para o cientista, mas na qual meio que acredito: não devemos enganar os leigos quando falamos como cientistas. Não estou tentando lhes dizer o que fazer quando se engana a esposa, a namorada ou coisa assim, quando não estamos tentando ser cientistas, só tentando ser seres humanos comuns. Esses problemas deixo a cargo de vocês e de seu rabino. Estou falando de um tipo de integridade específico, um tipo extra, que é não mentir e se esforçar ao máximo para mostrar que talvez estejamos errados, que é preciso usar quando agimos como cientistas. E essa é a nossa responsabilidade como cientistas, com certeza diante de outros cientistas e, acho eu, diante dos leigos.

Por exemplo, fiquei um pouco surpreso quando conversei com um amigo que ia aparecer no rádio. Ele trabalha com cosmologia e astronomia e não sabia explicar quais eram as aplicações de seu trabalho. "Ora", disse eu, "elas não existem." E ele disse: "Eu sei, mas aí não teremos mais apoio para novas pesquisas desse tipo." Acho que isso é meio desonesto. Quando a gente se apresenta como cientista, é preciso explicar ao leigo o que estamos fazendo; se não quiserem nos apoiar nessas circunstâncias, a decisão é deles.

Eis um exemplo do princípio: para quem se decidiu a testar uma teoria ou quer explicar uma ideia, é preciso sempre decidir publicar, pelo meio que for possível. Se só publicarmos resultados de um certo tipo, podemos fazer o argumento parecer bom. Temos de publicar *ambos* os tipos de resultado. Por exemplo, vejamos a publicidade de novo: suponhamos que um cigarro específico tenha uma determinada propriedade, como pouca nicotina. Isso é amplamente publicado pela empresa, dizendo que isso vai lhe fazer bem; eles não dizem, por exemplo, que o alcatrão tem uma proporção diferente, ou que outra coisa é um problema naquele cigarro. Em outras palavras, a probabilidade de publicação depende da resposta. Isso não deveria acontecer.

Digo que isso também é importante quando se dá certo tipo de conselho ao governo. Suponhamos que um senador lhe peça conselhos sobre um furo que deveria ser aberto em seu estado e você decida que seria melhor em outro estado. Se você não publicar esse resultado, me parece que seu conselho não é científico. Você está sendo usado. Se, por acaso, sua resposta for no sentido que o governo ou o político gostam, eles podem usá-la como argumento a seu favor; se for no sentido oposto, eles não a publicarão. Isso não é dar conselhos científicos.

Outros tipos de erro são mais característicos da má ciência. Quando estava em Cornell, eu costumava falar ao pessoal do departamento de psicologia. Uma das alunas me disse que queria fazer um experimento assim... Não me lembro com detalhes, mas outros tinham verificado que, sob certas circunstâncias X, os ratos faziam A. Ela queria saber se, caso as circunstâncias fossem Y, eles também fariam A. E sua proposta era fazer o experimento sob as circunstâncias Y para ver se eles ainda fariam A.

Expliquei a ela que primeiro era necessário repetir, em seu laboratório, a experiência da outra pessoa – usar as circunstâncias X para ver se também obteria o resultado A – e depois mudar para Y e ver se A mudava. Então ela saberia que a verdadeira diferença era a coisa que ela achava que tinha sob controle.

Ela ficou muito contente com essa nova ideia e a levou a seu professor. E a resposta dele foi que não, que não era possível fazer isso, porque a experiência já fora feita e seria perda de tempo. Isso foi por volta de 1935, e parece que na época a política geral era não repetir experiências psicológicas, somente mudar as condições e ver o que acontecia.

Hoje em dia, há um certo perigo de acontecer a mesma coisa, mesmo no campo famoso da Física. Fiquei chocado quando soube de um experimento feito no grande acelerador do National

Accelerator Laboratory (NAL) em que a pessoa usou deutério. Para comparar os resultados do hidrogênio pesado com o que aconteceria com hidrogênio leve, ela teve de usar dados do experimento de outra pessoa com hidrogênio leve, feito num aparelho diferente. Quando lhe perguntaram por quê, ela respondeu que não conseguira tempo no programa (porque o tempo é curtíssimo e o aparelho é caríssimo) para fazer o experimento com hidrogênio leve em seu aparelho porque não haveria resultados novos. E assim os encarregados pelos programas do NAL estão tão ansiosos para ter resultados novos e conseguir mais dinheiro para manter a coisa funcionando com fins de propaganda que talvez estejam destruindo o valor dos próprios experimentos, que são o propósito básico da coisa. Geralmente é difícil para os experimentadores de lá completarem seu trabalho como exige a integridade científica.

No entanto, nem todos os experimentos de psicologia são desse tipo. Por exemplo, houve muitos experimentos com ratos correndo por labirintos de todos os tipos e coisa e tal, com poucos resultados claros. Mas, em 1937, um homem chamado Young fez uma experiência muito interessante. Ele tinha um corredor comprido, com portas de um lado por onde os ratos entravam e portas do outro lado onde estava a comida. Ele queria ver se conseguia treinar os ratos para entrar pela terceira porta, de onde quer que ele os soltasse. Não. Os ratos iam imediatamente para a porta onde a comida estava na vez anterior.

A pergunta era: como os ratos sabiam, com um corredor tão bem construído e tão uniforme, que era a mesma porta de antes? Obviamente, havia algo na porta que era diferente das outras portas. Então ele pintou as portas com muito cuidado, arrumando a textura da superfície para ficar exatamente igual. Mas os ratos ainda sabiam. Então ele pensou que talvez os ratos farejassem a comida, e usou produtos químicos para mudar o cheiro a cada tentativa. E os ratos ainda sabiam. Então ele percebeu que os ratos talvez conseguissem saber vendo as luzes e a arrumação do laboratório, como qualquer pessoa de bom senso. Então ele cobriu o corredor, e os ratos ainda sabiam.

Finalmente, ele descobriu que os ratos conseguiam saber pelo som do chão quando corriam. E ele só conseguiria consertar isso colocando o corredor na areia. Então ele atacou todas as pistas possíveis, uma após a outra, e finalmente conseguiu enganar os ratos para que tivessem de aprender a entrar pela terceira porta. Se ele relaxasse qualquer uma das condições, os ratos conseguiriam saber.

Agora, do ponto de vista científico, esse é um experimento nota 10. Esse é o experimento que torna sensatos os experimentos com ratos que correm, porque revela as pistas que os ratos realmente usam e não o que a gente acha que eles usam. E esse é o experimento que diz exatamente quais condições é preciso usar para tomar cuidado e controlar tudo num experimento com ratos que correm.

Dei uma olhada na história subsequente dessa pesquisa. O experimento seguinte e o que veio depois nunca se referiram ao Sr. Young. Nunca usaram nenhum de seus critérios de pôr o corredor na areia nem de tomar muito cuidado. Foram direto pondo os ratos para correr do jeito antigo e não prestaram atenção às grandes descobertas do Sr. Young, e seus artigos não são citados, porque ele não descobriu nada sobre os ratos. Na verdade, ele descobriu *tudo* o que é preciso fazer para descobrir alguma coisa sobre ratos. Mas não prestar atenção a experimentos assim é uma característica da *cargo cult science.*

Outro exemplo são os experimentos sobre percepção extrassensorial do Sr. Rhine e de outras pessoas. Quando várias pessoas fizeram críticas, e eles mesmos fizeram críticas a seus próprios experimentos, eles melhoraram a técnica, e o efeito ficou menor, menor e menor até aos poucos desaparecer. Todos os parapsicólogos procuram algum experimento que possa ser repetido, que se possa fazer de novo e obter o mesmo efeito, ainda que estatisticamente. Eles põem um milhão de ratos para correr – não, agora são pessoas. Eles fazem um monte de coisas e obtêm um determinado efeito estatístico. Na próxima vez que tentam, não conseguem mais o resultado. E agora você acha um homem dizendo que é uma exigência irrelevante esperar que um experimento possa ser repetido. Isso é *ciência*?

O homem também fala de uma nova instituição, num discurso em que se demitia do cargo de diretor do Instituto de Parapsicologia. E, ao explicar aos outros o que fazer em seguida, ele diz que uma das coisas que têm de fazer é ter certeza de só treinar alunos que demonstraram de forma aceitável sua capacidade de obter resultados psíquicos, e não perder tempo com os alunos ambiciosos e interessados que só obtêm resultados por acaso. É perigosíssimo ter uma política dessas no ensino: ensinar os alunos a só obter determinados resultados em vez de fazer experimentos com integridade científica.

Então eu lhes desejo – não tenho mais tempo, portanto só lhes concedo um desejo – a boa sorte de estar em algum lugar onde sejam livres para manter o tipo de integridade que descrevi e onde não se sintam forçados, pela necessidade de manter o cargo na organização, o apoio financeiro ou coisa e tal, a perder sua integridade. Que vocês tenham essa liberdade. Vou também lhes dar um último conselho: nunca digam que vão fazer um discurso, a não ser que saibam claramente sobre o que vão falar e mais ou menos o que vão dizer.

11. É tão simples quanto um, dois, três

Uma história hilariante de Feynman, o aluno precoce, fazendo experiências – consigo, com as meias, a máquina de escrever, os colegas de escola – para resolver os mistérios do tempo e da contagem.

Quando menino, lá em Far Rockaway, eu tinha um amigo chamado Bernie Walker. Nós dois tínhamos "laboratórios" em casa e fazíamos várias "experiências". Certa vez, estávamos discutindo alguma coisa – devíamos ter 11 ou 12 anos na época – e eu disse:

– Mas pensar não passa de conversar com a gente por dentro.

– Ah, é? – perguntou Bernie. – Sabe o formato maluco do virabrequim do carro?

– Sei, e daí?

– Ótimo. Agora, me diga: como você descreve o virabrequim quando está falando com você mesmo?

E aprendi com Bernie que os pensamentos podem ser visuais além de verbais.

Mais tarde, na faculdade, me interessei pelos sonhos. Queria saber como as coisas podiam parecer tão reais, como se a luz atingisse a retina do olho, embora os olhos estivessem fechados. Os neurônios da retina realmente são estimulados de outra maneira – pelo próprio cérebro, talvez – ou o cérebro tem um "departamento do discernimento" que se atrapalha durante os sonhos? Nunca obtive respostas satisfatórias da psicologia para essas questões, embora eu tenha me interessado muito pelo funcionamento do cérebro. Em vez disso, havia todo aquele negócio de interpretar sonhos e coisa e tal.

Quando estava fazendo a pós-graduação em Princeton, saiu um artigo de psicologia burro que provocou muita discussão. O autor decidira que a coisa que controlava a "noção de tempo" no cérebro era uma reação química que envolvia o ferro. Pensei com meus botões: "Ué, como é que ele concluiu isso?"

Bom, eis o que ele fez: a esposa tinha uma febre crônica que subia e descia muito. E sei lá como ele teve a ideia de testar a noção de tempo dela. Mandou que ela contasse segundos para si mesma (sem olhar o relógio) e conferiu quanto tempo ela levava para contar até 60. Ele mandou que ela contasse – pobre mulher! – o dia inteiro. Quando a febre subia, ele verificou que ela contava mais depressa; quando a febre baixava, ela contava mais devagar. Portanto, pensou ele, quando ela estava com febre a coisa que governava a "noção de tempo" no cérebro devia andar mais depressa do que quando ela não tinha febre.

Por ser um sujeito muito "científico", o psicólogo sabia que a velocidade das reações químicas varia com a temperatura ambiente segundo uma determinada fórmula que depende da energia da reação. Ele mediu a diferença de velocidade da contagem da mulher e determinou até onde a temperatura mudava a velocidade. Depois ele tentou encontrar uma reação química cuja velocidade variasse com a temperatura do mesmo jeito que a contagem da esposa. E descobriu que as reações do ferro eram as que mais se encaixavam no padrão. Assim, ele deduziu que a noção de tempo da esposa era controlada por uma reação química do corpo envolvendo ferro.

Bom, para mim tudo isso parecia um monte de bobagem: havia muitíssimas coisas que poderiam dar errado nessa longa cadeia de raciocínio. Mas a questão *era* interessante: o que *determina* a "noção de tempo"? Quando tentamos contar em determinado ritmo, do que depende esse ritmo? E o que poderia nos levar a mudá-lo?

Decidi investigar. Comecei contando segundos – sem olhar o relógio, é claro – até 60, num ritmo lento e constante. 1, 2, 3, 4, 5... . Quando cheguei a 60, só 48 segundos tinham se passado, mas isso não me incomodou. O problema não era contar um minuto exato; era contar num ritmo padrão. Na próxima vez que contei até 60, passaram-se 49 segundos. Na outra, 48. Depois 47, 48, 49, 48, 49... E descobri que eu conseguia contar num ritmo bem padronizado.

Mas, se eu só ficasse ali sentado, sem contar, e esperasse até achar que um minuto se passara, era muito irregular: variações enormes. E descobri que é bem ruim estimar um minuto só por palpite. Mas contando, eu conseguia ser bem exato.

Agora que eu sabia que conseguia contar num ritmo padronizado, a pergunta seguinte foi: o que afeta o ritmo?

Talvez tivesse algo a ver com o ritmo cardíaco. E comecei a subir e descer a escada correndo, subir e descer, para meu coração bater depressa. Então corri para meu quarto, me joguei na cama e contei até 60.

Também tentei subir e descer correndo a escada e contar por dentro *enquanto* subia e descia.

Os outros caras me viram subindo e descendo a escada e riram. "O que você está fazendo?"

Não consegui responder, o que me fez perceber que não conseguia falar enquanto contava, e continuei correndo pra cima e pra baixo na escada, parecendo um idiota.

(O pessoal da pós-graduação estava acostumado a me ver como idiota. Em outra ocasião, por exemplo, um cara entrou em meu quarto – eu me esquecera de trancar a porta durante a "experiência" – e me encontrou numa cadeira, vestindo meu casaco pesado de pelo de ovelha, inclinado para fora da janela escancarada num dia gelado de inverno, segurando uma panela numa das mãos e mexendo com a outra. "Não me atrapalhe! Não me atrapalhe!", gritei. Eu estava mexendo gelatina e observando com atenção. Queria saber se a gelatina endureceria no frio se a gente não parasse de mexer.)

Seja como for, depois de tentar todas as combinações de subir e descer escada e deitar na cama, surpresa! O ritmo cardíaco não tinha influência. E, como fiquei muito quente depois de subir e descer a escada correndo, imaginei que a temperatura também não tinha nada a ver com isso (embora eu devesse saber que a temperatura do corpo realmente não sobe quando a gente se exercita.) Na verdade, não consegui encontrar nada que afetasse o ritmo de minha contagem.

Subir e descer escada correndo era muito chato, e comecei a contar enquanto fazia coisas que tinha de fazer de qualquer jeito. Por exemplo, quando punha roupa pra lavar, tinha de preencher um formulário dizendo quantas camisas eu tinha, quantas calças e coisa e tal. Descobri que conseguia escrever "3" na frente de "calças" ou "4" na frente de "camisas", mas não conseguia contar minhas meias. Havia meias demais. Já estou usando minha "máquina de contar" - 36, 37, 38 - e ali estão todas aquelas meias na minha frente - 39, 40, 41... Como contar as meias?

Descobri que podia arrumá-las em padrões geométricos, como um quadrado, por exemplo: um par de meias neste canto, um par naquele, um par ali, outro par lá: oito meias.

Continuei esse jogo de contar por padrões e descobri que conseguia contar as linhas de uma matéria de jornal agrupando as linhas em padrões de 3, 3, 3 e 1 para obter 10; depois 3 desses padrões, 3 desses padrões, 3 desses padrões e 1 desses padrões davam 100. Eu descia o jornal de cima abaixo assim. Depois que terminava de contar até 60, eu sabia onde estava nos padrões e dizia: "Cheguei a 60 e são 113 linhas." Descobri que conseguia até *ler* as reportagens enquanto contava até 60, e isso não afetava o ritmo! Na verdade, eu conseguia fazer qualquer coisa enquanto contava para mim mesmo, a não ser falar em voz alta, é claro.

E datilografar? Copiar palavras de um livro? Descobri que também conseguia, mas aí meu tempo era afetado. Fiquei empolgado: finalmente encontrara uma coisa que parecia afetar o ritmo de minha contagem! Investiguei mais.

Eu ficava datilografando as palavras simples bem depressa, contando para mim mesmo 19, 20, 21, datilografando, contando 27, 28, 29, datilografando até que... Que diabo de palavra é essa? Ah, tá... e depois continuava contando 30, 31, 32 e coisa e tal. Quando chegava a 60, estava atrasado.

Depois de alguma introspecção e novas observações, percebi o que devia ter acontecido. Eu interrompia a contagem quando encontrava uma palavra difícil que "precisava de mais cérebro", por assim dizer. O ritmo da contagem não se desacelerava; na verdade, a própria contagem era temporariamente suspensa de vez em quando. Contar até 60 se tornara tão automático que, a princípio, nem notei as interrupções.

Na manhã seguinte, no café da manhã, relatei o resultado de todas essas experiências aos outros caras à mesa. Contei tudo o que eu conseguia fazer enquanto contava por dentro, e disse que a única coisa que não conseguia fazer de jeito nenhum enquanto contava era falar.

Um dos caras, um sujeito chamado John Tukey, disse:

– Não acredito que você consiga ler, e não entendo por que não consegue falar. Aposto com você que consigo falar enquanto conto, e aposto que você não consegue ler.

Então fiz uma demonstração. Eles me deram um livro e o li por algum tempo, contando por dentro. Quando cheguei a 60, disse "Agora!" – 48 segundos, meu tempo regulamentar. Então disse a eles o que tinha lido.

Tukey ficou espantado. Depois que verificamos algumas vezes até medir seu tempo regulamentar, ele começou a falar.

– Mary tinha um carneirinho, consigo dizer o que quiser, não faz nenhuma diferença; não sei por que você se atrapalha... blá blá blá, e finalmente "OK!"

Ele atingiu o tempo bem na mosca! Mal consegui acreditar!

Conversamos um pouco sobre isso e descobrimos uma coisa. Acontece que Tukey contava de um jeito diferente. Ele visualizava uma fita com os números passando. Ele dizia "Mary tinha um carneirinho", e *via* os números! Bom, agora estava claro: ele "olha" a fita passar, por isso não consegue ler, e eu "falo" comigo quando conto, e não consigo falar!

Depois dessa descoberta, tentei imaginar um jeito de ler em voz alta enquanto contava, coisa que nenhum de nós conseguia fazer. Imaginei que teria de usar uma parte do cérebro que não interferisse com os departamentos de visão e fala, por isso decidi usar os dedos, que envolviam o sentido do tato.

Logo consegui contar com os dedos e ler em voz alta. Mas eu queria que o processo todo fosse mental, sem confiar em nenhuma atividade física. E tentei imaginar a sensação dos dedos se mexendo enquanto lia em voz alta.

Nunca consegui. Imagino que seja porque não treinei bastante, mas talvez seja impossível. Nunca encontrei ninguém que conseguisse.

Com essa experiência, Tukey e eu descobrimos que o que acontece na cabeça das pessoas quando *pensam* que estão fazendo a mesma coisa, algo tão simples quanto *contar*, é diferente para cada pessoa. E descobrimos que podemos testar, externa e objetivamente, como o cérebro funciona. Não temos de perguntar a alguém como ele conta e confiar em suas próprias observações; em vez disso, observamos o que ele consegue ou não fazer enquanto conta. O teste é absoluto. Não há como fraudar, não há como fingir.

É natural explicar uma ideia em termos do que já temos na cabeça. Conceitos se empilham uns em cima dos outros: esta ideia é ensinada em termos daquela ideia, e aquela ideia é ensinada em termos de outra ideia, que vem da contagem, que pode ser tão diferente em pessoas diferentes!

Costumo pensar nisso, principalmente quando estou ensinando alguma técnica esotérica como integrar funções de Bessel. Quando vejo equações, vejo as letras coloridas, não sei por quê. Enquanto estou aqui falando, vejo vagas imagens de funções de Bessel do livro de Jahnke e Emde, com os *J* marrom-claros, os *n* num azul levemente arroxeado e os *x* marrom-escuros esvoaçando. E me pergunto de que jeito deve ser com os alunos.

12. Richard Feynman constrói um universo

Numa entrevista não publicada, feita sob os auspícios da Associação Americana pelo Avanço da Ciência, Feynman se recorda de sua vida na ciência: a apavorante primeira palestra diante de uma sala lotada de prêmios Nobel; o convite para trabalhar na primeira bomba atômica e sua reação; a cargo cult science; e o fatídico telefonema-despertador de um jornalista, antes do amanhecer, para informá-lo de que acabara de ganhar o prêmio Nobel. A resposta de Feynman: "Você podia ter me dito isso de manhã."

NARRADOR: Mel Feynman era vendedor de uma fábrica de fardas em Nova York. Em 11 de maio de 1918, ele comemorou o nascimento do filho Richard. Quarenta e sete anos depois, Richard Feynman recebeu o Prêmio Nobel de Física. De várias maneiras, Mel Feynman teve muito a ver com essa realização, como conta Richard.

FEYNMAN: Bom, antes de eu nascer, ele [meu pai] disse à minha mãe que "esse menino vai ser cientista". Não se pode dizer coisas como essa na frente das feministas de hoje, mas era o que se dizia naquele tempo. Mas ele nunca me disse para ser cientista. [...] Aprendi a apreciar as coisas que sabia. Nunca houve nenhuma pressão. [...] Mais tarde, quando fiquei maiorzinho, ele me levava para passear na floresta e me mostrar os bichos, passarinhos e coisa e tal [...] me falar das estrelas, dos átomos e tudo mais. Ele me dizia o que havia neles que era tão interessante. A atitude dele perante o mundo e o modo de vê-lo, eu achava profundamente científica para um homem sem instrução científica direta.

NARRADOR: Hoje Richard Feynman é professor de Física do Instituto de Tecnologia da Califórnia (CalTech), em Pasadena, onde mora desde 1950. Ele passa parte do tempo ensinando, e outra parte é dedicada a teorizar sobre os fragmentos minúsculos de matéria com os quais se constrói nosso universo. Durante toda a carreira, sua imaginação às vezes poética o levou a muitas áreas exóticas: a matemática envolvida na criação de uma bomba atômica, a genética de um simples vírus e as propriedades do hélio em temperaturas extremamente baixas. O trabalho no desenvolvimento da teoria da eletrodinâmica quântica que lhe deu o Prêmio Nobel ajudou a resolver muitos problemas físicos de forma mais direta e eficiente do que antes. Mas, novamente, o que pôs em andamento essa longa série de realizações foram os longos passeios no bosque com o pai.

FEYNMAN: Ele tinha jeitos de olhar as coisas, e costumava dizer:

– Vamos supor que somos marcianos e viemos à Terra. Aí a gente vê essas criaturas estranhas fazendo coisas; o que a gente ia pensar? Por exemplo, vamos supor que a gente nunca dormisse. Somos marcianos e temos uma consciência que funciona o tempo todo, e encontramos essas criaturas que param durante oito horas todo dia, fecham os olhos e ficam mais ou menos inertes. Teríamos uma pergunta interessante a lhes fazer. A gente perguntaria: "Como é fazer isso o tempo todo? O que acontece com suas ideias? Vocês vão funcionando muito bem, pensando com clareza... e o que acontece? Elas param de repente? Ou vão cada vez mais devagar e param, ou exatamente como vocês desligam o pensamento?"

Mais tarde, pensei muito sobre isso e, na faculdade, fiz experiências para tentar descobrir a resposta: o que acontece com nossos pensamentos quando vamos dormir.

NARRADOR: Quando menino, o Dr. Feynman planejava ser engenheiro eletricista para pôr as mãos na Física e obrigá-la a fazer coisas úteis para ele e o mundo em volta. Ele não levou muito tempo para perceber que, na verdade, estava mais interessado no que fazia as coisas funcionarem, nos princípios teóricos e matemáticos que estão por trás do próprio funcionamento do universo. Sua mente se tornou seu laboratório.

FEYNMAN: Quando jovem, o que chamo de laboratório era apenas um lugar para ficar remexendo, fazer rádios, aparelhinhos, células fotoelétricas e sei lá mais o quê. Fiquei chocadíssimo quando descobri o que chamam de laboratório numa universidade. É um lugar onde a gente tem de medir as coisas muito seriamente. Nunca medi nadica em meu laboratório. Só saía remexendo e fazia coisas. Esse era o tipo de laboratório que eu tinha quando garoto e pensava inteiramente assim. Achava que era assim que seria. Bom, naquele laboratório eu tinha de resolver alguns problemas. Eu costumava consertar rádios. Por exemplo, tinha de obter alguma resistência para pôr em linha com alguns voltímetros para que funcionassem em escalas diferentes. Coisas assim. E comecei a achar fórmulas, fórmulas elétricas, e um amigo meu tinha um livro com fórmulas elétricas e relações entre os resistores. Tinha coisas como a potência é o quadrado da corrente vezes a voltagem. A voltagem dividida pela corrente é a resistência e tal; tinha seis ou sete fórmulas. Pra mim, elas pareciam todas relacionadas, que na verdade não eram independentes, que uma podia sair da outra. E assim, comecei a mexer naquilo e entendi, com a álgebra que estava aprendendo na escola, como fazer aquilo. Percebi que a matemática era meio importante nesse negócio.

Então, fiquei cada vez mais interessado no negócio da matemática associada à física. Além disso, a matemática, por si só, me atraía muito. Eu a amei a vida inteira. [...]

NARRADOR: Depois de se formar no Instituto de Tecnologia de Massachusetts (MIT), Richard Feynman mudou-se para a Princeton University, uns 650 quilômetros a sudoeste, onde terminou o doutorado. Foi lá, aos 24 anos, que ele deu sua primeira aula formal. Foi uma aula memorável, no fim das contas.

FEYNMAN: Quando estava na faculdade, trabalhei com o professor Wheeler[1] como auxiliar de pesquisa, e, juntos, elaboramos uma nova teoria sobre o funcionamento da luz, sobre como funcionava a interação entre átomos em lugares diferentes; naquela época, parecia uma teoria interessante. E o professor Wigner[2], encarregado dos seminários lá, sugeriu que fizéssemos um seminário, e o professor Wheeler disse que, como eu era novo e nunca apresentara seminários, seria uma boa oportunidade para aprender. E essa foi a primeira palestra técnica que dei.

Comecei a preparar a coisa. Então Wigner veio e me disse que achava que o trabalho era importante e que ele mandaria convites especiais do seminário para o professor Pauli, que era um grande professor de Física que viera de Zurique para uma visita, para

1 John Archibald Wheeler (1911-2008), físico, mais conhecido pelo público por ter cunhado a expressão "buraco negro".

2 Eugene P. Wigner (1902-1995), Prêmio Nobel de Física de 1963 pelas contribuições à teoria do núcleo atômico e das partículas elementares, por meio de seu trabalho com os princípios de simetria.

o professor von Neumann, o maior matemático do mundo, para Henry Norris Russell, astrônomo famoso, e para Albert Einstein, que morava perto. Devo ter ficado absolutamente pálido ou coisa assim, porque ele me disse: "Só não precisa ficar nervoso, não se preocupe com isso. Em primeiro lugar, o professor Russell dorme. Não se sinta mal, porque ele sempre dorme em palestras. Se o professor Pauli balançar a cabeça para você continuar, não se sinta bem, porque ele sempre balança a cabeça porque tem paralisia", e assim por diante. Isso me acalmou um pouquinho, mas eu ainda estava preocupado. E o professor Wheeler me prometeu que responderia a todas as perguntas e eu só precisaria fazer a palestra.

E eu me lembro de entrar... Imaginem aquela primeira vez, era como passar pelo fogo. Eu escrevera todas as equações no quadro-negro bem antes da hora, e todos os quadros-negros estavam cheios de equações. Ninguém quer tantas equações [...] todo mundo quer entender melhor as ideias. Então me lembro de me levantar para falar e lá estavam aqueles grandes homens na plateia, e foi assustador. E ainda vejo minhas mãos quando tirei as folhas do envelope onde estavam guardadas. Elas tremiam. Assim que puxei os papéis e comecei a falar, algo me aconteceu que desde então sempre aconteceu e é maravilhoso. Quando falo de Física, adoro isso, só penso na Física, não me preocupo com o lugar onde estou; não me preocupo com nada. E tudo foi muito fácil. Simplesmente expliquei o negócio todo o melhor que pude. Não pensei em quem estava ali. Só estava pensando sobre o problema que explicava. Então, no final, quando chegou a hora das perguntas, eu não tinha com que me preocupar, porque o professor Wheeler ia responder. O professor Pauli se levantou – ele estava sentado ao lado do professor Einstein. E disse: "Acho que essa teoria não pode estar certa, por causa disso e disso e daquilo e aquela outra coisa e assim por diante, não concorda, professor Einstein?" Einstein respondeu: "Nã-ã-ã-o", e foi o "não" mais lindo que já ouvi.

NARRADOR: Foi em Princeton que Richard Feynman aprendeu que, mesmo que passasse a vida inteira no mundo da Matemática e da Física teórica, havia outro mundo aqui fora que insistiria em lhe fazer exigências muito práticas. Naquela época, o mundo estava em guerra, e os Estados Unidos mal tinham começado a trabalhar na bomba atômica.

FEYNMAN: Mais ou menos naquela época, Bob Wilson entrou em minha sala para me falar de um projeto que ele estava começando e que tinha a ver com fazer urânio para bombas atômicas. Ele disse que haveria uma reunião às três horas e que era segredo, mas que sabia que, quando eu soubesse qual era o segredo, eu iria junto, então não faria mal me contar. Respondi: "Você cometeu um erro ao me contar o segredo. Não vou junto com você. Só vou voltar ao meu trabalho, à minha tese." Ele saiu da sala dizendo: "Temos uma reunião às três." Isso foi de manhã. Comecei a andar de um lado para o outro e a pensar nas consequências de a bomba estar nas mãos dos alemães e tudo aquilo e decidi que era uma coisa muito empolgante e importante. E fui à reunião das três horas e parei de trabalhar no meu doutorado.

O problema era a necessidade de separar os isótopos de urânio para fazer uma bomba. O urânio vinha com dois isótopos. O Urânio-235 era o reativo, e a gente queria separá-lo. Wilson inventara um esquema para fazer a separação – fazer um feixe de íons e agrupar os íons – a velocidade dos dois isótopos com a mesma energia é um pouquinho diferente. E se a gente fizesse torrõezinhos e eles descessem por um tubo comprido, um ia chegar na frente dos outros, e daria para separar assim. Esse era o plano dele. Eu era teórico naquela época. A princípio, o que eu deveria fazer era descobrir se o aparelho projetado seria prático: seria possível ser feito? Havia muitas dúvidas sobre limitações da carga no espaço e coisa e tal, e deduzi que poderia ser feito.

NARRADOR: Embora Feynman deduzisse que o método de Wilson para separar isótopos de urânio seria mesmo teoricamente possível, outro método acabou sendo usado para produzir Urânio-235 para a bomba atômica. No entanto, ainda havia muita coisa para Richard Feynman fazer com seu alto nível de teorização no laboratório principal de Los Alamos, no Novo México, encarregado de desenvolver a bomba. Depois da guerra, ele passou a fazer parte da equipe do Laboratório de Estudos Nucleares da Cornell University. Hoje, ele vê com dúvidas o trabalho que fez para possibilitar a bomba atômica. Teria agido certo ou errado?

FEYNMAN: Não, não acho que eu estivesse exatamente errado na época em que tomei a decisão. Pensei no caso e acho, corretamente, que seria perigosíssimo os nazistas a conseguirem. No entanto, acho que houve um erro em meu pensamento, porque depois que os alemães foram derrotados – isso foi muito depois, três ou quatro anos depois – estávamos trabalhando com muito afinco. Não parei; nem sequer pensei que o motivo de começar com aquilo não existia mais. E isso foi uma coisa que aprendi: quando a gente tem uma razão muito forte para fazer alguma coisa e começa a trabalhar naquilo, é preciso olhar em volta de vez em quando para saber se o motivo original ainda está certo. Na época em que tomei a decisão, achei que fosse certo, mas continuar sem pensar pode ter sido errado. Não sei o que aconteceria se eu tivesse pensado. Poderia ter decidido continuar assim mesmo, não sei. Mas a questão de não pensar quando as condições originais que me levaram à decisão original mudaram, isso foi um erro.

NARRADOR: Depois de cinco anos empolgantes em Cornell, o Dr. Feynman, como muitos outros do leste do país, antes e depois dele, foi atraído à Califórnia e ao ambiente igualmente empolgante de seu Instituto de Tecnologia. E houve outras razões.

FEYNMAN: Em primeiro lugar, o clima não é bom em Ithaca. Em segundo lugar, gosto de ir a boates e coisas assim.

Bob Bacher me convidou a vir aqui para dar uma série de palestras sobre um trabalho que eu desenvolvera em Cornell. E dei a primeira palestra e depois ele disse: "Posso lhe emprestar meu carro?" Gostei disso, peguei o carro dele e toda noite eu ia a Hollywood e à Sunset Strip e ficava por lá e me divertia, e aquela mistura de clima bom e um horizonte mais amplo do que se tem numa cidadezinha no norte do estado de Nova York foi o que finalmente me convenceu a vir para cá. Não foi muito difícil. Não foi um erro. Essa foi outra decisão que não foi um erro.

NARRADOR: No corpo docente do Instituto de Tecnologia da Califórnia, o Dr. Feynman ocupa a Cátedra Richard Chace Tolman de Física Teórica. Em 1954, ele recebeu o Prêmio Albert Einstein e, em 1962, a Comissão de Energia Atômica lhe conferiu o Prêmio E. O. Laurence por "contribuições especialmente meritórias ao desenvolvimento, ao uso ou ao controle da energia atômica". Finalmente, em 1965 ele recebeu a maior honraria científica, o Prêmio Nobel, junto com Sin-Itiro Tomonaga, do Japão, e Julian Schwinger, de Harvard. Para o Dr. Feynman, o Prêmio Nobel foi um rude despertar.

FEYNMAN: O telefone tocou, o sujeito disse que era de alguma emissora. Fiquei muito irritado por me acordarem. Foi minha reação natural. Entende, a gente está irritado e semiacordado. Aí o sujeito diz: "Gostaríamos de lhe informar que o senhor ganhou o Prêmio Nobel". E penso cá comigo – ainda estou irritado, entende – não registrei. E eu disse: "Você podia ter me dito isso de manhã." E ele continua: "Achei que o senhor gostaria de saber." Bom, eu disse que estava dormindo e desliguei. Minha mulher perguntou "O que foi?", e respondi: "Ganhei o Prêmio Nobel". E ela comentou: "Ah, você está brincando". Tentei muitas vezes enganá-la, mas não consigo.

Toda vez que tento, ela vê através de mim, mas dessa vez ela errou. Ela achou que eu estava brincando. Ela achou que era algum aluno, algum aluno bêbado ou coisa parecida. E não acreditou em mim. Mas quando o segundo telefonema aconteceu dez minutos depois, de outro jornal, eu disse ao sujeito: "É, já sei, me deixe em paz." Então tirei o telefone da tomada e achei que ia voltar a dormir e que às oito da manhã eu ligaria o telefone de novo. Não consegui dormir de novo, nem minha mulher. Levantei, dei uma volta e finalmente liguei o telefone de novo e comecei a atender.

Pouco tempo depois, peguei um táxi não sei onde e o motorista estava falando, e eu estava falando, e contei a ele meu problema com esses caras que me perguntam e não sei como explicar. Ele diz: "Ouvi uma entrevista sua. Foi na televisão. O moço lhe disse: 'Por favor, explique em dois minutos o que fez para ganhar o prêmio'. E o senhor tentou, e foi uma maluquice. Sabe o que eu teria dito? 'Caraca, se eu conseguisse lhe contar em dois minutos, eu não mereceria o Prêmio Nobel.' E foi essa a resposta que passei a dar. Quando alguém me pergunta, sempre digo: Olhe, se eu conseguisse explicar assim tão facilmente, não valeria o Prêmio Nobel. Não é muito justo, mas é uma resposta meio engraçada.

NARRADOR: Como já mencionei, o Dr. Feynman recebeu o Prêmio Nobel por suas contribuições ao desenvolvimento de uma teoria que viria a definir o novo campo da eletrodinâmica quântica. Como explica o Dr. Feynman, é "a teoria do resto todo". Não se aplica à energia nuclear nem às forças da gravidade, mas se aplica à interação dos elétrons com partículas de luz chamadas fótons. Está por trás do modo como a eletricidade flui, do fenômeno do magnetismo e do jeito como os raios X são produzidos e interagem com outras formas de matéria. O "quantum" da eletrodinâmica quântica reafirma uma teoria de meados da década de 1920 que afirma que os elétrons que circundam o núcleo de todos os átomos se limitam a determinados estados quânticos ou níveis de energia. Só podem existir nesses níveis e em nenhum lugar entre eles. Esses níveis quantizados de energia são determinados pela intensidade da luz que cai sobre o átomo, entre outras coisas.

FEYNMAN: Uma das maiores e mais importantes ferramentas da física teórica é o cesto de lixo. É preciso saber quando deixar pra lá, né? Na verdade aprendi quase tudo que sei sobre eletricidade, magnetismo, mecânica quântica e tudo o mais tentando desenvolver essa teoria. E o que me deu o Prêmio Nobel, em última análise, foi que, em 1947, a teoria popular e regular, a teoria comum que eu tentava mudar para consertar, tinha algum problema que eu estava tentando consertar, mas Bethe descobrira que, se a gente fizesse a coisa certinha, se a gente meio que esquecesse algumas coisas e não esquecesse outras, fizesse certinho, a gente obteria a resposta certa comparada às experiências, e me fez algumas sugestões. E nessa época eu sabia tanto sobre eletrodinâmica, depois de experimentar e escrever essa teoria maluca de umas 655 formas diferentes, que sabia como fazer o que ele queria, como controlar e organizar esses cálculos de um jeito bem suave e conveniente, e tinha métodos poderosos para isso. Em outras palavras, usei o troço, a maquinaria que desenvolvi para desenvolver minha própria teoria em cima da teoria antiga – soa como algo óbvio, mas durante anos não pensei nisso –, e descobri naquela época que era extremamente poderoso e que eu podia fazer as coisas pela teoria antiga muito mais depressa que todo mundo.

NARRADOR: Além de um monte de outras coisas, a teoria da eletrodinâmica quântica do Dr. Feynman traz novas ideias para entender as forças que mantêm a matéria unida. Também acrescenta mais um pouquinho ao que sabemos sobre as propriedades das partículas infinitesimais de vida curta de que tudo o mais no universo se compõe. Conforme sondaram cada vez mais profundamente a estrutura da natureza, os físicos descobriram que o que antes parecia simplíssimo pode ser muito complexo, e o que antes parecia muito complexo pode ser simplíssimo. Suas ferramentas são os poderosos aceleradores de átomos, capazes de fraturar partículas atômicas em fragmentos cada vez menores.

FEYNMAN: Quando começamos, olhamos a matéria e vemos muitos fenômenos diferentes: ventos, ondas, Lua e todo esse tipo de coisa. E tentamos reorganizá-la. O movimento do vento é como o movimento das ondas e coisa e tal? Aos poucos, a gente descobre que muitíssimas coisas são parecidas. A variedade não é tão grande quanto pensamos. Pegamos todos os fenômenos e pegamos os princípios que estão por trás, e um dos princípios mais úteis parece ser a ideia de que as coisas são feitas de outras coisas. Descobrimos, por exemplo, que toda a matéria era feita de átomos, e então se entende um monte de coisas, desde que se entendam as propriedades dos átomos. E a princípio os átomos eram considerados simples, mas aí, para explicar todas as variedades, os fenômenos da matéria, os átomos têm de ser mais complicados, e há 92 átomos. Na verdade, há muito mais, porque eles têm pesos diferentes. Então, entender a variedade das propriedades dos átomos é o problema seguinte. E descobrimos que conseguimos entender isso se imaginarmos os próprios átomos feitos de constituintes – nesse caso específico, o núcleo em torno do qual vão os elétrons. E que todos os átomos diferentes são apenas números diferentes de elétrons. É um lindo sistema unificador que funciona.

Todos os átomos diferentes são apenas a mesma coisa com números diferentes de elétrons. No entanto, aí os núcleos vão diferir. E aí começamos a estudar os núcleos. E havia uma grande variedade quando começamos experimentos que faziam os núcleos se chocarem – Rutherford e coisa e tal. A partir de 1914, descobriram que, a princípio, eles eram complicados. Mas aí perceberam que poderiam ser entendidos se também fossem feitos de constituintes. Os núcleos são feitos de prótons e nêutrons, que interagem com alguma força que os mantém unidos. Para entender os núcleos, temos de entender essa força um pouquinho melhor. Aliás, no caso dos átomos também havia uma força; uma força elétrica, e essa nós entendemos. Assim, além dos elétrons havia também a força elétrica, que representamos por fótons de luz. A luz e a força elétrica se integram numa coisa única chamada fóton, de modo que o mundo exterior, por assim dizer, fora do núcleo, é de elétrons e fótons. E a teoria do comportamento dos elétrons é a eletrodinâmica quântica, e foi por trabalhar nisso que ganhei o Prêmio Nobel.

Mas aí a gente entra no núcleo e descobre que ele pode ser feito de prótons e nêutrons, mas que há uma força estranha. Tentar entender essa força é o próximo problema. E várias sugestões de que poderia haver outras partículas foram feitas por Yukawa[3], e aí fizemos experiências colidindo prótons e nêutrons com alta energia, e realmente saíram coisas novas, do mesmo modo que, quando fazemos elétrons colidirem com energia suficiente, saem fótons. E temos essas coisas novas saindo. Eram mésons. E parecia que Yukawa tinha razão. Continuamos a experiência, e o que aconteceu conosco foi que obtivemos uma variedade tremenda de partículas; não só um tipo de fóton, sabe, mas colidimos fótons e nêutrons e obtivemos mais de quatrocentos tipos de partículas – partículas lambda e sigma. São todas diferentes. E mésons-π e mésons-K e assim por diante. Bom, por acaso também fizemos múons, mas aparentemente eles não têm nada a ver com nêutrons e prótons. Pelo menos, não mais do que os elétrons. Essa é mais uma parte estranha, que não entendemos onde se encaixa. É como um elétron, mas mais pesado. E aí temos elétrons e múons que não interagem muito com essas outras coisas. Essas outras coisas

3 Hideki Yukawa (1907-1981), ganhador do Prêmio Nobel de Física de 1949 por prever a existência dos mésons.

chamamos de partículas com interação forte, ou hádrons. E elas incluem prótons e nêutrons e todas as coisas que conseguimos imediatamente quando fazemos as outras se chocarem com muita força. Então agora o problema é tentar representar as propriedades de todas essas partículas de um jeito organizado. E é um grande jogo, e estamos todos trabalhando nele. É a chamada física de alta energia ou física de partículas fundamentais. Antigamente era física de partículas fundamentais, mas ninguém acredita que quatrocentos constituintes diferentes sejam fundamentais. Outra possibilidade é que elas mesmas sejam feitas de algum constituinte mais profundo. E essa parece uma possibilidade sensata. E foi assim que inventaram uma teoria: a teoria dos quarks, que algumas dessas coisas, como o próton, por exemplo, ou o nêutron, são feitas de três objetos chamados quarks.

NARRADOR: Até agora ninguém viu um quark, o que é péssimo, porque eles podem constituir o tijolo fundamental de todos os outros átomos e moléculas mais complicados que formam o universo. O nome foi escolhido ao acaso, alguns anos atrás, por Murray Gell-Mann, colega do Dr. Feynman. Para surpresa do Dr. Gell-Mann, o romancista irlandês James Joyce já previra esse nome trinta anos antes em seu livro *Finnegan's Wake*. A expressão era "three quarks for Muster Mark" aceita por muitos estudiosos como "three quarts for Mister Mark", ou "três quartos para o senhor Mark". A coincidência foi ainda maior, como explicou o Dr. Feynman, porque parece que os quarks que formam as partículas do universo vêm em trios. Na busca pelos quarks, os físicos estão fazendo prótons e nêutrons se chocarem em níveis altíssimos de energia, na esperança de que, no processo, eles se decomponham nos quarks que os compõem.

FEYNMAN: Tudo isso é verdade, e uma das coisas que têm sustentado a teoria dos quarks é que ela é obviamente absurda, porque, se as coisas fossem feitas de quarks, quando fazemos dois prótons se chocarem deveríamos às vezes produzir três quarks. Acontece que, nesse modelo dos quarks de que estamos falando, os quarks têm cargas elétricas muito peculiares. Todas as partículas que conhecemos no mundo têm carga integral. Em geral, uma unidade positiva ou negativa de carga elétrica ou nada. Mas a teoria dos quarks diz que a carga deles é menos um terço ou mais dois terços de uma carga elétrica. E se existisse uma partícula assim seria óbvio, porque o número de bolhas que ela deixaria numa câmara de bolhas quando formasse um rastro seria muito menor. Digamos que tivéssemos uma carga de um terço; então ela estimula um nono dos átomos – o quadrado – quando deixa o rastro, e haveria no rastro um nono das bolhas que a gente veria numa partícula comum. E isso é óbvio; quando a gente vê um rastro muito levinho, há algo errado. E todo mundo procurou e procurou um rastro desses, e até agora ninguém encontrou. Portanto, esse é um dos problemas graves. Essa é a empolgação. Estamos no rumo certo ou dando voltas em total escuridão, enquanto a resposta está ali à direita, ou estamos farejando bem de perto mas ainda não acertamos? E se a gente acertar, entenderemos de repente por que aquele experimento parece diferente.

NARRADOR: E se esses experimentos de alta energia, com esmagadores de átomos e câmaras de bolhas, mostrarem que o mundo é feito de quarks? Seremos capazes de vê-los de um jeito prático?

FEYNMAN: Bom, quanto ao problema de compreender os hádrons e múons e coisa e tal, não vejo, no momento atual, nenhuma aplicação prática, ou praticamente nenhuma. No passado, muita gente disse que não conseguia ver aplicações e, mais tarde, acharam aplicações. Muita gente juraria, nessas circunstâncias, que tudo está destinado a ser útil. No entanto, para ser franco, quero dizer que isso é tolice; dizer que nunca haverá nada útil é, obviamente, uma tolice. Então vou ser tolo e dizer que essas malditas coisinhas nunca terão nenhuma aplicação, até onde sei. Sou burro demais para ver. Tudo bem? Então por que você continua fazendo? Aplicações não são a única coisa do mundo. É interessante para entender de que o mundo é feito. É o mesmo interesse, a curiosidade que faz o homem construir telescópios. De que serve descobrir a idade do universo? Ou o que são esses quasares que explodem a grande distância? Quer dizer, para que serve toda essa astronomia? Pra nada. Ainda assim, é interessante. Então é o mesmo tipo de exploração de nosso mundo que estou seguindo, e é a curiosidade que estou satisfazendo. Se a curiosidade humana representa uma necessidade, então a tentativa de satisfazer a curiosidade é prática, no sentido de que é isso que é. É assim que eu veria isso no momento atual. Não faria nenhuma promessa de que seria prático no sentido econômico.

NARRADOR: Quanto à ciência propriamente dita e o que ela significa para todos nós, o Dr. Feynman diz que reluta em filosofar sobre o tema. Ainda assim, isso não impede que ele tenha ideias interessantes e provocadoras sobre o que acredita ser a ciência e o que ela não é.

FEYNMAN: Bom, eu diria que é o mesmo que sempre foi, desde o dia em que surgiu. É a busca por entender algum tema ou alguma coisa com base no princípio de que o que acontece na Natureza é verdade e é o juiz da validade de qualquer teoria a respeito. Lysenko diz que se a gente cortar a cauda dos ratos durante quinhentas gerações, então os novos ratos que nascerão não terão cauda. (Não sei se ele disse isso ou não. Digamos que o Sr. Fulano disse isso.) Então se a gente experimentar e não der certo, sabemos que não é verdade. Esse princípio, a separação entre verdadeiro e falso por meio de experimentos ou experiências, esse princípio e o corpo resultante de conhecimentos coerentes com o princípio, isso é ciência.

Além dos experimentos, também levamos à ciência uma quantidade tremenda de tentativas intelectuais humanas de generalização. Portanto, ela não é uma mera coleção de todas as coisas que, por acaso, são verdadeiras em experimentos. Não é apenas uma coleção de fatos sobre o que acontece quando a gente corta caudas, porque seria coisa demais para guardarmos na cabeça. Encontramos um grande número de generalizações. Por exemplo, se for verdade em ratos e gatos, dizemos que é verdade para os mamíferos. Aí descobrimos que é verdade para outros animais; aí descobrimos que é verdade para as plantas, e, finalmente, aquilo se torna uma propriedade da vida até certo ponto em que não herdamos características adquiridas. Não é exatamente verdade, em termos reais e absolutos. Mais tarde, descobrimos experimentos que mostram que as células podem transmitir informações pelas mitocôndrias ou coisa parecida, e que as modificamos conforme avançamos. Mas todos os princípios têm de ser os mais amplos possíveis, os mais gerais possíveis, e ainda estar totalmente de acordo com as experiências. Esse é o desafio.

Entende? O problema de obter fatos com a experiência soa simplíssimo. Basta experimentar e ver. Mas o homem tem caráter fraco, e acontece que é muito mais difícil do que se pensa simplesmente experimentar e ver. Por exemplo, vejamos o ensino. Um sujeito vem e vê o jeito como se ensina matemática. E diz: "Tenho uma ideia melhor. Vou fazer um computador de brinquedo para ensinar matemática." E ele experimenta com um grupo de crianças. Ele não arranja muitas crianças, talvez alguém lhe ceda uma turma para experimentar. Ele adora o que faz. Está empolgado. Entende completamente o que é aquilo. As crianças sabem que é uma coisa nova, e estão empolgadas. Aprendem muitíssimo bem, e aprendem a aritmética regular melhor que as outras crianças. E a gente faz um teste: elas aprendem aritmética. Então isso é registrado como fato: o ensino da aritmética pode ser melhorado com esse método. Mas isso não é um fato, porque uma das condições do experimento era que o homem específico que o inventou estava ensinando. O que a gente realmente quer saber é: se a gente simplesmente tiver esse método descrito num livro e um professor médio (e é preciso ter professores médios; há professores no mundo inteiro, e muitos serão médios) então pega o livro e tenta ensinar de acordo com o método descrito, será melhor ou não? Em outras palavras, o que acontece é que a gente encontra todos os tipos de fatos declarados no ensino, na sociologia, até na psicologia – coisas de todo tipo que eu chamaria de pseudociência. Fizeram estatísticas, e dizem que foram feitas com muito cuidado. Fizeram experimentos que, na verdade, não são experimentos controlados. [Os resultados] na verdade não podem ser repetidos em experimentos controlados. E publicam esse troço todo. Porque a ciência feita com cuidado tem sucesso; fazendo coisas assim, eles acham que obtêm alguma distinção. Tenho um exemplo.

Nas ilhas Salomão, como muitos sabem, os nativos não entendiam os aviões que pousavam durante a guerra e traziam todo tipo de coisa para os soldados. E hoje eles têm cultos ao aeroplano. Fazem pistas de pouso artificiais e acendem fogueiras ao longo das pistas para imitar as luzes, e o pobre de um nativo se senta numa caixa de madeira que ele construiu, com fones de madeira e varinhas de bambu em cima para representar a antena, e gira a cabeça de um lado para o outro, e eles têm radares feitos de madeira e todo tipo de coisa, na esperança de atrair os aeroplanos que lhes darão coisas. Eles imitam a ação. É exatamente o que os outros faziam. Bom, um monte de nossa atividade moderna em muitíssimos campos é ciência desse tipo. Igualzinho à aviação. Essa é uma ciência. A ciência do ensino, por exemplo, não é ciência nenhuma. É muito trabalho. É preciso muito trabalho para esculpir essas coisas, esses aeroplanos de madeira. Mas isso não significa que realmente estejam descobrindo alguma coisa. Penologia, reforma prisional, para entender por que as pessoas cometem crimes: entendemos cada vez mais com nossa compreensão moderna dessas coisas. Mais sobre ensino, mais sobre crime; as notas nos exames estão caindo e há mais gente presa; jovens cometem crimes, e simplesmente não entendemos nada. Para descobrir coisas sobre essas coisas, usar o método científico no tipo de imitação que usam hoje simplesmente não está funcionando. Agora, se o método científico funcionaria nesses campos se soubéssemos como fazer, não sei. É bastante fraco desse jeito. Talvez haja outro método. Por exemplo, escutar as ideias do passado e a experiência dos outros por um longo tempo pode ser uma boa ideia. Só é boa ideia não prestar atenção no passado quando a gente decide seguir outra fonte independente de informação. Mas é preciso observar quem estamos seguindo se quisermos [ignorar] a sabedoria de quem olhou essa coisa e pensou nela e, de forma não científica, chegou a uma conclusão. Eles não têm menos direito de estar certos do que nós nos tempos modernos, de chegar a uma conclusão de forma igualmente não científica.

Bom, que tal? Estou dando certo como filósofo?

NARRADOR: Nesta edição de Futuro da Ciência, série de entrevistas gravadas com laureados com o Prêmio Nobel, ouvimos o Dr. Richard Feynman, do Instituto de Tecnologia da Califórnia. A série foi preparada sob os auspícios da Associação Americana pelo Avanço da Ciência.

13. A relação entre ciência e religião

Num tipo de experimento mental, Feynman pega os vários pontos de vista de uma mesa-redonda imaginária para representar o pensamento de cientistas e espiritualistas e discute os pontos de concordância e discordância entre a ciência e a religião, prevendo, duas décadas antes, o atual debate animado entre essas duas maneiras fundamentalmente diversas de buscar a verdade. Entre outras questões, ele se pergunta se os ateus podem ter uma moral baseada no que a ciência lhes diz, assim como os espiritualistas têm uma moral baseada em sua crença em Deus – um tópico incomumente filosófico para o pragmático Feynman.

Nessa época de especialização, os homens que conhecem meticulosamente um campo costumam ser incompetentes para discutir outro. Por essa razão, os grandes problemas das relações entre um aspecto e outro da atividade humana têm sido cada vez menos discutidos em público. Quando olhamos os grandes debates do passado sobre esses temas, sentimos inveja, pois gostaríamos da empolgação de discussões assim. Os antigos problemas, como a relação entre ciência e religião, ainda estão conosco, e acredito que apresentam dilemas tão difíceis quanto antes, mas não costumam ser publicamente discutidos devido às limitações da especialização.

Mas me interesso por esse problema há muito tempo e gostaria de discuti-lo. Em vista de minha falta muito evidente de conhecimento e compreensão da religião (falta que ficará mais aparente conforme progredirmos), organizarei a discussão da seguinte maneira: vou supor não um homem só, mas um grupo de homens discutindo o problema, grupo composto de especialistas em muitos campos – as várias ciências, as várias religiões etc. – e que vamos discutir o problema sob vários lados, como numa mesa-redonda. Cada um dará seu ponto de vista, que pode ser moldado e modificado pela discussão posterior. Além disso, imagino que alguém foi escolhido para ser o primeiro a apresentar sua opinião, e esse primeiro escolhido sou eu.

Começarei apresentando um problema à mesa-redonda: um rapaz, criado numa família religiosa, estuda uma ciência e, em consequência disso, passa a duvidar – e talvez mais tarde a descrer – do Deus de seu pai. Agora, esse não é um exemplo isolado; acontece repetidas vezes. Embora eu não tenha estatísticas, acredito que muitos cientistas – na verdade, acredito mesmo que mais da metade dos cientistas – realmente descreem do Deus de seus pais; isto é, eles não acreditam num Deus do modo convencional.

Agora, como a crença em Deus é uma característica central da religião, esse problema que escolhi indica, com bastante intensidade, o problema da relação entre ciência e religião. Por que esse rapaz passa a descrer?

A primeira resposta que ouvimos é simplíssima: sabe, ele foi ensinado por cientistas e (como acabei de ressaltar) todos eles, no fundo, são ateus, e o mal é passado de um a outro. Mas acho que quem consegue manter esse ponto de vista sabe menos de ciência do que eu de religião.

Outra resposta pode ser que um pouco de conhecimento é perigoso; esse rapaz aprendeu um pouquinho e acha que sabe tudo, mas logo crescerá e superará essa sofisticação de calouro e passará a perceber que o mundo é mais complicado, e começará novamente a entender que tem de existir um Deus.

Não acho que seja necessário que ele supere nada. Há muitos cientistas, homens que têm esperança de se considerar maduros, que ainda não acreditam em Deus. Na verdade, como eu gostaria de explicar depois, a resposta não é que o rapaz ache que sabe tudo; é exatamente o contrário.

Uma terceira resposta que podemos receber é que no fundo o rapaz não entende a ciência corretamente. Não acredito que a ciência possa refutar a existência de Deus; acho que isso é impossível. E se é impossível, a crença na ciência e num Deus – um Deus comum da religião – não seria uma possibilidade coerente?

Sim, é coerente. Apesar de eu ter dito que mais da metade dos cientistas não acredita em Deus, muitos cientistas *acreditam* tanto na ciência quanto em Deus, de um jeito perfeitamente coerente. Mas essa coerência, embora possível, não é fácil de obter, e eu tentaria discutir duas coisas: por que não é fácil de se obter e se vale a pena tentar obtê-la.

Quando digo "acreditar em Deus", é claro que é sempre um enigma: o que é Deus? O que quero dizer é o tipo de Deus pessoal característico das religiões ocidentais, para quem oramos e que teve algo a ver com a criação do universo e a orientação de nossa moral.

Para o estudante que aprende ciência, há duas fontes de dificuldade quando se tenta soldar ciência e religião. A primeira fonte de dificuldade é a seguinte: na ciência, é imperativo duvidar; é absolutamente necessário, para o progresso da ciência, ter a incerteza como parte fundamental da natureza íntima. Para avançar no entendimento, temos de permanecer modestos e admitir que não sabemos. Nada é certo nem provado além de toda e qualquer dúvida. Investigamos por curiosidade, porque é *desconhecido*, não porque saibamos a resposta. E, conforme desenvolvemos mais informações nas ciências, não é que estejamos descobrindo a verdade, mas sim que isso ou aquilo é mais ou menos provável.

Isto é, quando investigamos mais, descobrimos que as afirmativas da ciência não são que isso é verdadeiro e aquilo, não; são afirmativas do que se sabe com diferentes graus de certeza: "É muito mais provável que isso e aquilo sejam verdade que não sejam"; ou "isso e aquilo são quase certos, mas ainda há um pouquinho de dúvida"; ou, no outro extremo, "bom, na verdade não sabemos". Cada um dos conceitos da ciência está numa escala graduada, em algum ponto entre a falsidade absoluta e a verdade absoluta, mas nunca nos extremos.

Acredito que seja necessário aceitar essa ideia, não só na ciência, mas em outras coisas; é de grande valor admitir a ignorância. É fato que, quando tomamos decisões na vida, não sabemos necessariamente que sejam corretas; só achamos que estamos fazendo o melhor possível – e é isso que devemos fazer.

Atitude de incerteza

Acho que, quando sabemos que realmente vivemos com incerteza, temos de admiti-lo; tem grande valor perceber que não conhecemos a resposta de diversas perguntas. Essa atitude mental, essa atitude de incerteza, é vital para o cientista, e é essa atitude mental que o aluno tem de adquirir em primeiro lugar. Ela se torna um hábito do pensamento. Depois de adquirida, não se pode mais abandoná-la.

Então, o que acontece é que o rapaz começa a duvidar de tudo, porque não pode ter nada como verdade absoluta. Assim, a pergunta muda um pouco: de "Deus existe?" para "Que certeza temos de que Deus existe?" Essa mudança muito sutil é um grande golpe, e representa um afastamento entre os caminhos da ciência e da religião. Não acredito que um cientista de verdade consiga crer do mesmo modo outra vez. Embora haja cientistas que acreditam em Deus, não acredito que pensem em Deus da mesma maneira que as pessoas religiosas. Se forem coerentes com sua ciência, acho que eles dizem a si mesmos algo assim: "Tenho quase certeza de que Deus existe. A dúvida é muito pequena." Isso é bem diferente de dizer "Sei que Deus existe". Não acredito que um cientista possa jamais obter essa opinião, esse entendimento realmente religioso, esse conhecimento real de que Deus existe, essa certeza absoluta das pessoas religiosas.

É claro que esse processo de dúvida nem sempre começa com o ataque à questão da existência de Deus. Em geral, princípios especiais, como a questão da vida após a morte ou detalhes da doutrina religiosa, como detalhes da vida de Cristo, são examinados primeiro. No entanto, é mais interessante ir diretamente ao problema central de maneira franca e discutir a opinião mais extremada que põe em dúvida a existência de Deus.

Depois de removida do absoluto e de escorregar pela escala da incerteza, a questão pode acabar em várias posições diferentes. Em muitos casos, chega bem perto da certeza. Mas, por outro lado, para alguns o resultado líquido do exame meticuloso pode ser a afirmativa de que, quase com certeza, a teoria que seu pai defendia sobre Deus estava errada.

A crença em Deus e os fatos da ciência

Isso nos leva à segunda dificuldade de nosso estudante para tentar soldar ciência e religião: por que tantas vezes acontece que a crença em Deus – pelo menos, no Deus do tipo religioso – seja considerada muito insensata, muito improvável? Acho que a resposta tem a ver com as coisas científicas – os fatos ou fatos parciais – que o homem aprende.

Por exemplo, o tamanho do universo é muito impressionante, e nós estamos numa partícula minúscula que gira velozmente em torno do Sol, em meio a centenas de milhares de milhões de sóis nesta galáxia, ela mesma em meio a um bilhão de galáxias.

Mais uma vez, há a relação íntima entre o homem biológico e os animais e entre uma forma de vida e outra. O homem é o último a chegar num vasto drama em evolução; será o resto apenas o andaime de sua criação?

Mais uma vez, há os átomos, dos quais tudo parece ser construído, de acordo com leis imutáveis. Nada pode escapar; as estrelas são feitas do mesmo material, e os animais são feitos do mesmo material, mas com tal complexidade que, misteriosamente, parecem vivos – como o próprio homem.

É uma grande aventura contemplar o universo além do homem, pensar o que ele significa sem o homem – como foi na maior parte de sua longa história, e como é na grande maioria dos lugares. Quando finalmente se obtém essa visão objetiva e se aprecia o mistério e a majestade da matéria, pôr o olho objetivo de volta no homem visto como matéria, ver a vida como parte do mistério universal da maior profundidade, é sentir uma experiência raramente descrita. Em geral termina em risos, em prazer com a inutilidade de tentar entender. Essas visões científicas terminam em assombro e mistério, suas bordas perdidas em incerteza, mas parecem tão profundas e impressionantes que a teoria de que tudo foi arrumado simplesmente como um palco para Deus observar a luta do homem pelo bem e pelo mal parece inadequada.

Então suponhamos que seja esse o caso de nosso estudante específico e que a convicção cresça até ele acreditar que a oração individual, por exemplo, não é ouvida. (Não estou tentando refutar a realidade de Deus; estou tentando lhes dar alguma ideia, alguma empatia pelas razões que levam muitos a pensar que orar não faz sentido.) É claro que, como resultado dessa dúvida, o padrão de duvidar passa em seguida a problemas éticos, porque, na religião que ele aprendeu, os problemas morais estavam ligados à palavra de Deus, e se Deus não existe, qual é sua palavra? Mas de forma bastante surpreendente, penso eu, os problemas morais costumam sair relativamente ilesos; a princípio, talvez, o estudante decida que pouquíssimas coisas estavam erradas, mas é comum ele inverter sua opinião mais tarde e terminar com uma visão moral não muito diferente.

Parece haver um tipo de independência nessas ideias. No final, é possível duvidar da divindade de Cristo e, mesmo assim, acreditar piamente que é bom fazer ao próximo o que você gostaria que ele lhe fizesse. É possível ter essas duas opiniões ao mesmo tempo; e eu diria que espero que vocês achem que meus colegas cientistas ateus costumam se comportar bem em sociedade.

O comunismo e o ponto de vista científico

Gostaria de observar de passagem que, como a palavra "ateísmo" está muito associada a "comunismo", as opiniões comunistas são a antítese das científicas, no sentido de que, no comunismo, as respostas são dadas a todas as perguntas, sejam políticas, sejam morais, sem discussão e sem dúvida. O ponto de vista científico é o extremo oposto disso; ou seja, todas as questões têm de ser postas em dúvida e discutidas; temos de discutir tudo: observar as coisas, verificá-las e então, mudá-las. O governo democrático é muito mais próximo dessa ideia, porque há discussão e uma possibilidade de modificação. O navio não zarpa numa direção definida. É verdade que, se houver tirania de ideias, de tal modo que se saiba exatamente o que tem de ser verdade, agimos de modo muito decisivo, e tudo parece bom – por algum tempo. Mas logo o navio segue na direção errada, e ninguém consegue mais modificar o rumo. Portanto, acho que as incertezas da vida na democracia são muito mais coerentes com a ciência.

Embora a ciência provoque algum impacto em muitas ideias religiosas, ela não afeta o conteúdo moral. A religião tem muitos aspectos; responde a perguntas de todo tipo. Primeiro, por exemplo, responde a perguntas sobre o que são as coisas, de onde vêm, o que é o homem, o que é Deus – as propriedades de Deus, e assim por diante. Chamemos de metafísico esse aspecto da religião. Ela também nos diz outra coisa: como nos comportarmos. Deixemos fora disso a ideia de como se comportar em certas cerimônias e que ritos realizar; quero dizer que ela nos diz como nos comportarmos na vida em geral, de um jeito moral. Ela dá respostas a questões morais; ela nos dá um código ético e moral. Chamemos de ético esse aspecto da religião.

Agora, sabemos que, mesmo com valores morais garantidos, os seres humanos são muito fracos; eles têm de ser lembrados dos valores morais para serem capazes de seguir a consciência. Não é simplesmente uma questão de ter a consciência certa; também é uma questão de manter a força de vontade para fazer o que sabemos que é certo. E é necessário que a religião dê forças, consolo e inspiração para seguir esses pontos de vista morais. Esse é o aspecto inspirador da religião. Ela não dá inspiração apenas à conduta moral; ela dá inspiração para as artes e também para grandes pensamentos e ações de todo tipo.

Interligações

Esses três aspectos da religião são interligados, e em geral acredita-se que, em vista dessa integração íntima de ideias, atacar uma característica do sistema seja atacar a estrutura inteira. Os três aspectos se ligam mais ou menos da seguinte maneira: o aspecto moral, o código moral, é a palavra de Deus, o que nos envolve numa questão metafísica. Então a inspiração vem porque o indivíduo opera a vontade de Deus; é por Deus; em parte, sente que está com Deus. E essa é uma grande inspiração, porque põe as ações do indivíduo em contato com o universo em geral.

Portanto, essas três coisas são muito bem interligadas. A dificuldade é a seguinte: às vezes, a ciência entra em conflito com a primeira das três categorias, o aspecto metafísico da religião. Por exemplo, no passado discutia-se se a Terra era o centro do universo, se a Terra girava em torno do Sol ou se ficava parada. O resultado de tudo isso foi uma briga terrível e muita dificuldade, mas finalmente se resolveu, e a religião voltou atrás nesse caso específico. Mais recentemente, houve um conflito sobre a questão de o homem ter ou não ancestrais animais.

O resultado, em muitas dessas situações, é o recuo da visão metafísica religiosa, mas ainda assim não há o colapso da religião. Mais ainda, parece não haver nenhuma mudança apreciável ou fundamental da visão moral.

Afinal de contas, a Terra se move em torno do Sol; não é melhor dar a outra face? Faz alguma diferença se a Terra estiver parada ou se movendo em torno do Sol? Podemos esperar conflito outra vez. A ciência está se desenvolvendo e serão descobertas coisas novas que estarão em desacordo com a teoria metafísica atual de algumas religiões. Na verdade, mesmo com todos os recuos passados da religião, ainda há conflito real em indivíduos específicos quando eles aprendem ciência e ouviram falar da religião. A coisa ainda não foi muito bem integrada; há conflitos reais aqui, mas nem assim a moral foi afetada.

Na prática, o conflito é duplamente difícil nessa região metafísica. Em primeiro lugar, os fatos podem entrar em conflito, mas, mesmo que não entrem, a atitude é diferente. Diante das questões metafísicas, o espírito de incerteza da ciência é uma atitude bem diferente da certeza e da fé exigidas na religião. Acredito que haja definitivamente um conflito, nos fatos e em espírito, com os aspectos metafísicos da religião.

Em minha opinião, não é possível que a religião encontre um conjunto de ideias metafísicas que se possa garantir que não entrem em conflito com uma ciência que está sempre mudando e avançando pelo desconhecido. Não sabemos responder às perguntas; é impossível encontrar uma resposta que, algum dia, não se descubra que estava errada. A dificuldade surge porque, aqui, tanto a ciência quanto a religião tentam responder perguntas no mesmo terreno.

Ciência e questões morais

Por outro lado, não acredito que surja um conflito real com a ciência no aspecto ético, porque acredito que as questões morais estejam fora do terreno científico.

Vou dar três ou quatro argumentos para mostrar por que acredito nisso. Em primeiro lugar, houve conflitos no passado entre a visão científica e a visão religiosa a respeito do aspecto metafísico e, mesmo assim, os pontos de vista morais mais antigos não desmoronaram, não mudaram.

Em segundo lugar, há homens bons que praticam a ética cristã e não acreditam na divindade de Cristo. Eles não veem nenhuma incoerência nisso.

Em terceiro lugar, embora eu acredite que, de tempos em tempos, encontram-se indícios científicos que podem ser parcialmente interpretados como indícios de algum aspecto específico da vida de Cristo, por exemplo, ou de outras ideias metafísicas religiosas, parece-me que não há indícios científicos com base na Regra de Ouro, na ética da reciprocidade. Parece-me que é um pouco diferente.

Agora, vejamos se consigo dar uma pequena explicação filosófica de por que é diferente, de por que a ciência não pode afetar a base fundamental da moral.

O problema humano típico, cuja resposta a religião visa a dar, segue sempre a seguinte forma: Devo fazer isso? Devemos fazer isso? O governo deve fazer isso? Para responder a essas perguntas, podemos dividi-las em duas partes: Primeira: Se eu fizer isso, o que acontecerá? E segunda: Quero que isso aconteça? O que sairá daí que tenha valor, que seja bom?

Agora, uma pergunta do tipo "Se eu fizer isso, o que acontecerá?" é estritamente científica. De fato, a ciência pode ser definida como um método – e um corpo de informações obtidas com esse método – para tentar responder apenas às perguntas que possam ser formuladas da seguinte maneira: "Se eu fizer isso, o que acontecerá?" A técnica, fundamentalmente, é: experimente e veja. Então acumulamos uma grande quantidade de informações com essas experiências. Todos os cientistas concordarão que uma pergunta – qualquer pergunta, filosófica ou não – que não possa ser formulada de maneira a ser testada pela experiência (ou, em poucas palavras, que não possa ser formulada como "se eu fizer isso, o que acontecerá?") não é uma pergunta científica; fica fora do terreno da ciência.

Afirmo que, quer se queira quer não que algo aconteça, o valor que houver no resultado e o modo de avaliar o valor desse resultado (que é a outra ponta da pergunta "Devo fazer isso?") têm de estar fora da ciência, porque essa não é uma pergunta que se possa responder apenas por saber o que acontece; ainda é preciso *avaliar* o que acontece, de um modo moral. Portanto, por essa razão teórica acho que há coerência completa entre o ponto de vista moral – ou o aspecto ético da religião – e as informações científicas.

Passar ao terceiro aspecto da religião – o aspecto inspirador – me leva à questão central que gostaria de apresentar a essa mesa-redonda imaginária. Hoje, a fonte de inspiração de qualquer religião, para a força e para o consolo, está muito entrelaçada com o aspecto metafísico; isto é, a inspiração vem de trabalhar para Deus, de obedecer à Sua vontade, de se sentir unido a Deus. Os laços emocionais com o código moral, baseados dessa maneira, começam a enfraquecer demais quando se exprime alguma dúvida, ainda que pequena, da existência de Deus; assim, quando a crença em Deus se torna incerta, esse método específico de obter inspiração falha.

Não conheço a solução desse problema central: o problema de manter o valor real da religião como fonte de força e coragem para a maioria dos homens e, ao mesmo tempo, não exigir fé absoluta nos aspectos metafísicos.

Os legados da civilização ocidental

A civilização ocidental, me parece, se apoia em dois grandes legados. Um é o espírito de aventura científico: a aventura do desconhecido, um desconhecido que tem de ser reconhecido como desconhecido para ser explorado; a exigência de que os mistérios insolúveis do universo continuem sem solução; a atitude de que tudo é incerto; para resumir, a humildade do intelecto. O outro grande legado é a ética cristã, o amor como base da ação, a irmandade de todos os homens, o valor do indivíduo; a humildade do espírito.

Esses dois legados são coerentes de forma lógica e completa. Mas lógica não é tudo; é preciso coração para seguir uma ideia. Se todos voltarem à religião, a que voltarão? A igreja moderna é um lugar que dá consolo ao homem que duvida de Deus – mais ainda, que descrê de Deus? A igreja moderna é um lugar que dá consolo e estímulo ao valor de dúvidas como essas? Até agora, não obtivemos força e consolo para manter um desses legados coerentes de modo a atacar os valores do outro? Será isso inevitável? Como obter inspiração para sustentar esses dois pilares da civilização ocidental de modo que permaneçam juntos com todo o vigor, sem medo mútuo? Esse não é o problema central de nossa época?

Deixo à mesa-redonda a discussão.

Agradecimentos pelas permissões

"O prazer de descobrir as coisas" é a transcrição revista de uma entrevista com Richard P. Feynman transmitida por um programa do canal de televisão BBC2 sob o título "Horizon: the pleasure of finding things out" (Horizon: o prazer de descobrir as coisas). Publicada nos Estados Unidos com permissão do produtor Christopher Syckes, de Carl Feynman e de Michelle Feynman.

"Computadores do futuro" foi publicado originalmente em 1985 como Nishina Memorial Lecture – palestras sobre Física em homenagem ao físico japonês Yoshio Nishina. Publicado aqui com a gentil permissão do professor K. Nishijima, em nome da Nishina Memorial Foundation.

"Los Alamos visto de baixo" foi publicado pela primeira vez na revista *Engineering and Science*, do Instituto de Tecnologia da Califórnia (CalTech). Reproduzido com permissão.

"Qual é e qual deveria ser o papel da cultura científica na sociedade moderna" foi reproduzido com permissão da Società Italiana di Fisica.

"Há muito espaço no fundo" foi publicado pela primeira vez na revista *Engineering and Science*, do Instituto de Tecnologia da Califórnia (CalTech). Reproduzido com permissão.

"O valor da ciência" vem de *What do you care what other people think?: further adventures of a curious character* (Por que você se importa com o que os outros pensam?: novas aventuras de um personagem curioso), de Richard P. Feynman e Ralph Leighton. Copyright © 1988 de Gweneth Feynman e Ralph Leighton. Reproduzido com permissão de W. W. Norton & Company, Inc.

"O que é ciência?" é reproduzido com permissão de *The Physics Teacher*, volume 9, p. 313-320. Copyright © 1969 American Association of Physics Teachers.

"O homem mais inteligente do mundo" foi reproduzido com permissão de OMNI, Copyright © 1992 Omni Publications International, Ltd.

"*Cargo cult science*: discurso na formatura da turma de 1974 do CalTech" foi publicado pela primeira vez na revista *Engineering and Science*, do Instituto de Tecnologia da Califórnia, e é reproduzido com permissão.

"É tão simples quanto um, dois, três" vem de *What Do You Care What Other People Think?: Further Adventures of a Curious Character*, de Richard P. Feynman e Ralph Leighton. Copyright © 1988 de Gweneth Feynman e Ralph Leighton. Reproduzido com permissão de W. W. Norton & Company, Inc.

"A relação entre ciência e religião" foi publicado pela primeira vez na revista *Engineering and Science*, do Instituto de Tecnologia da Califórnia, e é reproduzido com permissão.

Índice remissivo